Für Ingrid

Hermann Winkler

ZEESBOOTE

Segler durch die Zeiten

HINSTORFF

Auf den alten Revieren der Zeesener

Inhalt

Die Zeesbootregatta in Bodstedt am ersten Wochenende im September ist die größte und älteste Wettfahrt, die in der Region ausgetragen wird.

Braune Segel – Tradition und Neubeginn

Jedes Jahr, wenn in den ersten Septembertagen vor Bodstedt zur *Großen Zeesenbootregatta* die alten Boote unter dunklen Segeln ihre Bahnen ziehen, leben alte Traditionen wieder auf. Als die letzten Arbeitssegler der südlichen Ostseeküste sind die Zeesboote ein Stück maritime Kultur. Sie gehören als Wahrzeichen zur Region wie die alten Seefahrer- und Fischerhäuser, die Kirchen, Trachten und die niederdeutsche Sprache. Die Regatten der Traditionssegler erinnern an eine andere Zeit.

Wettfahrten mit Fischerbooten haben an den deutschen Küsten eine lange Geschichte. Bereits 1885 gab es im Wattenmeer eine Fischerregatta vor Büsum. 1896 starteten Finkenwerder und Blankeneser Fischer auf der Unterelbe mit ihren Ewern und Kuttern zur ersten »Hochseefischer-Wettfahrt«. Eine Bahnlänge ging damals über 17 Seemeilen. Bald darauf folgten die Regatten der Ostseefischer in der Kieler Förde, am Stettiner Haff, in Lubmin, 1906 in Lauterbach und 1908 in Greifswald/Wieck, bei denen stets auch die Zeesenfischer mit am Start waren.

Die erste Regatta auf dem Saaler Bodden am Fischland, an der auch Zeesenfischer aus Althagen, Wustrow und Dierhagen teilnahmen, wurde im Jahre 1908 gestartet. Adolf Miethe, ein Berliner Professor mit Sommersitz in Althagen, hat damals dieses Ereignis aus seiner Sicht in der Zeitschrift Yacht beschrieben. Er berichtete, dass die Wettfahrt »auf Einladung der zu Althagen angesessenen, segelverständigen Mitteleuropäer, die ihre Sportboote dort haben«, geschah. »Der Gedanke, mit diesen Booten eine sportliche Veranstaltung ins Werk zu setzen und bei den wetterharten Fischern Sinn und Verständnis für Regattasegeln zu erwecken, war nicht leicht in die Tat umzusetzen. Jahrelanger Überredung bedurfte es, ehe die erste Fischerregatta in Althagen zustande kam.« Während der Wettfahrt gab es einen Mastbruch. Der Sieger erhielt »ein prächtiges Kaffeeservice aus blinkendem Silber mit allem Zubehör«. Weiterhin schrieb Miethe: »Mit Rücksicht auf die ortsüblichen Gewohnheiten und die zähe Eigenart der Fischerbevölkerung konnte natürlich bei dieser Regatta, wie

Internet-Tipp
Unter **www. braune-segel. de** finden sich aktuelle Informationen aus der Zeesboot-Szene und eine laufend aktualisierte Bootsliste mit ausführlichen Schiffsdaten sowie Hinweisen auf die Bootseigner. Bearbeitung: Uwe Grünberg und Nils Rammin.

Seit Jahrzehnten gibt es auch in Wustrow auf dem Fischland eine Regatta für Zeesboote.

Der Stralsunder Walter Ribbeck bei Vorbereitungen zur Wettfahrt auf der »Sunddriewer«

Auslaufen zur Regatta in Bodstedt

Sportliches Segeln mit alten Booten

Erste Nutzung als Sportboot
Bereits in den 20er Jahren des letzten Jahrhunderts wurden die ersten Zeesboote an Sportsegler verkauft. In Wismar ansässige norwegische und schwedische Studenten erwarben damals einige Fahrzeuge als Sportboote. Da sie in harter Währung zahlten, erhielten sie die Boote von den Fischern vermutlich recht preiswert.

Das Kennzeichen »FZ« ist ein 1977 eingeführtes Unterscheidungssignal für Sportboote. Damit wird angezeigt, dass ein Fahrzeug im »Klassenregister Zeesenboote« (vgl. S. 130ff.) registriert ist. Der gelegentlich verwendete Begriff »Fischerzeese« ist irreführend und falsch.

auch im vorigen Jahr, nicht so verfahren werden, wie wir es gewohnt sind. Die Bestimmungen mußten vereinfacht und der Start so gestaltet werden, daß ... die wahrscheinliche Bildung von Kleinholz möglichst vermieden wurde. Daher wurden auch alle Vorschriften über das Benehmen der Regattaboote an den Bojen von vornherein als überflüssig über Bord geworfen. – Hier aber befinden wir uns noch ehrlichen Naturmenschen gegenüber, die bei der Regatta nichts weiter zeigen wollen, als daß sie tüchtige Segler und ihre Boote schnelle Fahrzeuge sind.«

Jahrzehnte später wurde wieder zur Regatta geladen. Diesmal war es der Segler Ekkehard Rammin aus Bodstedt, der die letzten Zeesenfischer im Revier zu einer Wettfahrt zusammenrief. Zwischen Barhöft und Ribnitz gab es zu dieser Zeit noch 24 aktive Zeesener. Acht davon starteten im Jahre 1965 vor Bodstedt bei der ersten Zeesbootregatta. Rammin hatte sich zuvor aber verpflichten müssen, für alle Schäden an ihren Fahrzeugen aufzukommen. Im Ergebnis waren dann zwei Mastbrüche zu reparieren. Da es zu jener Zeit noch keine Sponsoren gab, musste Rammin auch die Preisgelder aus der eigenen Tasche zahlen. Er selbst lieh sich für diese Wettfahrt vom Zeesenfischer Hellmuth Bauer aus Bodstedt ein Boot, das bereits zum Kutter umgerüstet war. Übers Wochenende mussten das aufgebaute Ruderhaus demontiert, die Masten wieder gesetzt und die Segel angeschlagen werden. Bereits am Montag in der Frühe sollte dann das Fahrzeug im alten Zustand dem Fischer wieder übergeben werden. Das Boot, 1928 bei HOLZERLAND in Barth gebaut, ist heute unter dem Namen *Krischan* (FZ-37) mit Hans-Joachim Tamm eines der erfolgreichsten bei den Wettfahrten.

Sieger der *1. Bodstedter Zeesenboot-Regatta* wurde der Fischer Helmut Lange aus Pruchten mit seinem 1923 von DORNQUAST in Fuhlendorf gebauten Schiff. Er gewann in Folge auch die nächsten drei Wettfahrten. Sein Boot segelt heute unter dem Namen *Sibylle* (FZ-71). Im Jahre 1969 ging dann erstmals ein Sportsegler als Sieger durchs Ziel: Die *Windjammer* (FZ-23), ein Bau der JARLING-Werft aus Freest von 1910.

Ekkehard Rammin dürfte damals kaum geahnt haben, dass einmal aus seinem Wirken eine über 40-jährige Erfolgsgeschichte wird. Die Regatta in Bodstedt ist zur Legende geworden und als Wettfahrt für Traditionssegler weit über das Land hinaus bekannt. Jedes Jahr, am ersten Wochenende im September, besuchen Tausende das kleine Fischerdorf bei Barth, um die »braunen Segel im Wind« zu erleben. Bei der *Großen Zeesenbootregatta*, wie sie inzwischen heißt, gehen von den etwa 100 im Klassenregister geführten Booten mehr als die Hälfte

Die »Polar« wurde 1920 in Stove gebaut.

FZ
51

regelmäßig an den Start. Der kleine Hafen an der südlichen Boddenküste hat diesen großen Erfolg vor allem Ekkehard Rammin zu verdanken.

Rammin selbst erwarb erst 1969 ein Boot vom Fischer Erich Grählert aus Pruchten, die *Nordstern* (FZ-9). Viermal in Folge machte er damit das Rennen. Diese Erfolgsserie konnte er später mit Siegen in der großen Bootsklasse bei anderen Wettfahrten fortsetzen. Und er blieb über 40 Jahre Regattachef in Bodstedt. Bis er eines Tages meinte: »Und wenn man das so lange macht, wird es höchste Zeit, dass man einmal aufhört. Die jungen Leute haben ja sonst keine Chance, solange jemand da ist, der älter ist und alles bestimmt. Die sollen nun auch einmal ran.« Im Jahre 2005 war Schluss. Ein Jüngerer übernahm das Kommando. Niemand war überrascht, dass dies Rammins Sohn Nils war, der als Bootsbaumeister in Barth inzwischen auch die Nachfolge in der väterlichen Werft angetreten hatte. Nils Rammin will die erfolgreiche Familientradition fortsetzen. Der Senior bleibt aber Obmann der Klassenvereinigung der Zeesboote.

Neben Bodstedt als jährlichem Höhepunkt in der Region gibt es inzwischen auch für die anderen Häfen an der Boddenküste einen gut gefüllten

Ekkehard Rammin begründete 1965 die »Bodstedter Zeesenboot-Regatta«, die heute größte Wettfahrt einer historischen Bootsklasse in Deutschland.

Regatta-Kalender. Die publikumswirksamen Veranstaltungen starten im Juni in Zingst und enden im September in Ahrenshoop/Althagen. Dazwischen liegen Termine in Wustrow auf dem Fischland, in Dierhagen und Barth. Durch die Traditionsregatten auf den alten Revieren der Segelfischer werden diese kleinen Häfen als ehemalige Standorte der Segelfischerei und Mittelpunkte eines kulturellen Volkslebens wieder in Erinnerung gebracht.

So wie sich früher manche Fischer mit Badegästen bei den sogenannten Lustfahrten, auch spöttisch »Fleischfahrten« genannt, ein Zubrot verdienten, ist es heute in vielen Orten an der Küste möglich, die romantische Seite der alten Segelfischerei zu erleben. Kleine Bootstouren starten im Sommer täglich in die schönen Landschaften von Althagen, Barth, Born, Mönkebude, Prerow, Zingst und verschiedenen Teilen der Insel Rügen. Der erste Freizeitsegler, der sich nach der ersten Regatta von Bodstedt wieder ein Zeesboot für das sportliche Segeln kaufte, war Peter Eymael aus Wustrow. 1966 erwarb er vom Fischer Karl Tähmlitz aus Seedorf von der Insel Rügen ein im Jahre 1946 in Lauterbach bei WESSEL gebautes Klinkerboot, das den Namen *Butt* erhielt. Später wechselte es unter dem Namen *Romantik* (FZ-18) nach Mönkebude und segelt dort heute mit Tagesgästen auf dem Achterwasser. Eymael kaufte dann 1969 ein zweites Schiff, einen HOLZERLAND-Bau aus Barth

Der Preis für den Sieger in der großen Klasse. Eine Urkunde der Zingster Zeesbootregatta

Wallenstein-Regatta vor Stralsund

Die bis 1927 im Sund von Schaprode bis Parow ausgetragene Wallenstein-Regatta, bei der zeitweise bis zu 100 Boote am Start gewesen sein sollen, führt ihre Entstehung auf ein historisches Ereignis zurück. Die Legende berichtet, dass im Jahre 1628 Stralsunder Zeeskähne bei der Vernichtung einer dänischen Flotte am Dänholm beteiligt waren. Im Dunkel der Nacht sollen die Fischer an die ankernden Kriegsschiffe herangetrieben sein und diese in Brand gesetzt haben, woraufhin Wallenstein die Belagerung der Stadt beenden musste. Der Bau des Rügendamms brachte das Ende der Wallenstein-Regatta. Seit Jahren wird vor Stralsund aber wieder eine Regatta gesegelt, die an das Geschen von 1628 erinnern soll.

Bootsklassen und Regattakurse
Teilnahmeberechtigt sind Boote, die im Klassenregister mit einer FZ-Nummer registriert sind. Gestartet wird in drei Klassen:

Kleine Klasse	5 – 9,5 m Länge
Mittlere Klasse	9,5 – 10,4 m Länge
Große Klasse	ab 10,4 m Länge.

Der Regattakurs ist ein Dreiecksparcours. Die Teilnehmer starten in der Regel in Minutenabständen. Für jedes einzelne Boot wird die Gesamtfahrzeit ermittelt.

von 1935, mit dem der Ribnitzer Karl Wilbrandt noch bis 1967 gefischt hatte. Es wurde wieder auf den Namen *Butt* (FZ-11) getauft. Peter Eymael ist mit diesem Schiff übrigens einer der erfolgreichsten Regattateilnehmer und segelt darüber hinaus bis heute vom Ostseebad Wustrow aus mit Fahrgästen auf den Saaler Bodden.

Zeesbootsegeln ist für viele ein besonderes Lebensgefühl – dies lässt die Tradition der alten Arbeitssegler fortbestehen.

Auslaufen der Boote von Althagen in den Saaler Bodden. Wie vor hundert Jahren laufen die Fahrzeuge zur »Althäger Fischerregatta« im Einzelstart über die Linie.

Stürmische Böen begleiten die Wettfahrt um das »Blaue Band« von Bodstedt im Spätherbst.

Seite 18/19: *Skipper… und Vormann der »Hanne Nüte«*

Fischfang quer vor dem Wind

Um beim Fischen unter Segeln eine breite Netzöffnung zu erreichen, kann das Fanggerät, wie beispielsweise früher bei den Tuckerfischern, von zwei parallel laufenden Fahrzeugen geschleppt werden. Das Schleppnetz kann auch, wie noch heute in der Hochseefischerei üblich, mittels Scherkörpern weit geöffnet werden.

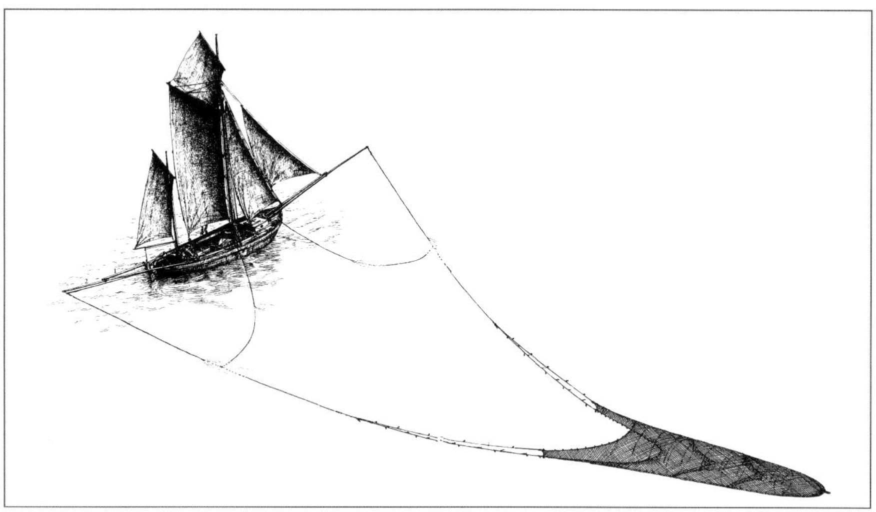

Eine weitere Möglichkeit bietet die Segelfischerei quer vor dem Wind: das »Quertreiben« bzw. die »Drift«. Durch das Ausbringen langer Bäume, der Tuck- oder Driftbäume, an Bug und Heck wird ein kleines Boot »verlängert«. Mittels einer Führung der Zugleinen über die äußeren Enden dieser Stangen lässt sich ebenfalls die beabsichtigte große Netzöffnung erreichen.

Diese Fangmethode wird als Zeesenfischerei bezeichnet. Sie ist eine besondere Form der Schleppnetzfischerei. Die sogenannte Drift unter Segeln mit flachbodigen Schiffen hat eine lange Geschichte. Das letzte Kapitel sind die Zeesboote, mit denen Fischer noch bis vor wenigen Jahrzehnten auf den Binnengewässern der südlichen Ostseeküste regelmäßig auf Fang gingen.

Fangprinzip der Treibzeesenfischerei: das Boot treibt mit dem Netz quer vor dem Wind. Ein Kennzeichen der Schleppnetzfischerei ist die Beschränkung auf eine relativ schmale Gewässerstrecke, die aktiv abgefischt werden kann.

Alte Fangmethode der holländischen Botter auf der Zuidersee (Ijsselmeer) mit dem Dwarskuil.

Auch in den südlichen Gewässern Dänemarks, in der Nordsee und in der Adria, im Atlantik vor Portugal und in Ostasien wurde nach diesem Prinzip gefischt. Nach der Einwanderung deutscher Zeesenfischer am Ende des 19. Jahrhunderts in Dänemark entwickelte sich auch dort die Schleppnetzfischerei unter Segeln quer vor dem Wind. Mit der Aledrivquase erschufen die dänischen Bootsbauer einen Bootstyp, der speziell ihren Fangrevieren angepasst war. Im kurischen Haff trieben Keitelkähne ebenfalls quer durchs Wasser.

In Holland drifteten die Fischer auf dem Zuidersee mit Dwarskuil-Netzen ebenfalls wie die Zeesener. Mit ihren Flachbooten, den Bottern, trieben sie beim Fischen quer-voraus, also etwas vorderlicher am Wind liegend als die Boddenfischer. Statt an langen Driftbäumen waren bei den Holländern die Zugleinen – wie bei den alten pommerschen Zeeskähnen – vorn und hinten direkt am Schiff belegt. Lediglich am Vorschiff wurde ein Spreizbaum für die vordere Zugleine ausgebracht. Nach dem Bau des großen Abschlussdeiches, der die Zuidersee 1932 vom Meer trennte, kam die Dwarskuilfischerei – nun auf dem Ijsselmeer – wegen rückläufiger Fangergebnisse bald zum Erliegen.

Die Fangmethode »quer vor dem Wind« war seit Langem auch in der Adria bekannt und vor allem im nördlichen Teil weit verbreitet. Dort fischten die Italiener und die östlichen Anrainer mit dem Bragozzo, einem Schiffstyp, der in seiner Konstruktion den niederländischen Plattbodenschiffen ähnlich war, nach dem gleichen Prinzip wie die Zeesboote der Ostseeküste.

Die Fanggeräte der Adriafischer hießen Tartana, Cochia und Grippo. Diese konnten die Bragozzi auch im Gespann mit zwei Schiffen, wie die deutschen Tuckerkähne, im freien Seeraum über tieferem Grund schleppen. Bragozzi wurden noch bis

Fangprinzipien
»Fanggeräte und die Taktiken zu ihrer Anwendung gehen ursprünglich überall auf die Beobachtung des Beuteverhaltens der Fangobjekte durch den Menschen zurück. Das ist die Ursache dafür, daß sich die fischereilichen Fangtechniken in allen Teilen der Welt unabhängig voneinander nach einigen Prinzipien entwickelten. Die gestellte Aufgabe, das Verhalten der Beute zu erkennen, und danach die Fangmethode auszurichten, wurde von den Menschen einheitlich beantwortet.«
(von Brandt)

in die Mitte des vorigen Jahrhunderts in der Adria gebaut. Man kann vermuten, dass mit ihnen bis zu dieser Zeit gefischt worden ist. An der portugiesischen Atlantikküste gingen Schiffe vom Typ der nebenstehend abgebildeten Muleta gleichfalls auf die Drift quer vor dem Wind.

Bilder aus Korea zeigen eine Dschunke unter Segeln, die mit ausgefahrenen Spreizbäumen quer vor einem Schleppnetz treibt. Auch in Japan, in der Tokio-Bay und auf dem Seto-Binnensee war diese Methode bekannt, die ebenso dem Fangprinzip der Treibzeesenfischerei zugeordnet werden kann. Zwischen einem großen Flügelnetz, das durch lange

Die portugiesische Muleta nutzte beim Fang mit dem Tataranha-Netz die Segelbäume als Driftstangen. Unter Vollzeug konnten acht Segel gesetzt werden. An Bug und Heck sind an den Segelbäumen die Driftleinen zu erkennen.

Die portugiesische Muleta ist ein aus dem Mittelmeer bekannter Schiffstyp, der durch imposante Segelführung beeindruckt. Um zum Fischen mit dem Tataranha, einem Grundschleppnetz, quer vor dem Wind zu driften, wurde das Schiff mit Spreizbäumen ausgerüstet. Das Fangrevier waren die Tejo-Mündung bei Lissabon und die Flachwasserbänke der Atlantikküste zwischen Cape Roca und Cape Espichel. Der Name des Fanggerätes legt die Vermutung nahe, dass die Portugiesen Know-how aus der Mittelmeerregion übernommen haben. Bis zum Verbot dieser Fangmethode im Jahre 1930 gingen Muletas an der Atlantikküste auf Drift.

Die Bragozzi trieben in der Adria mit dem Tartana-Netz unter Segeln an langen Driftbäumen, wie die Zeesenfischer in der Ostsee quer vor dem Wind.

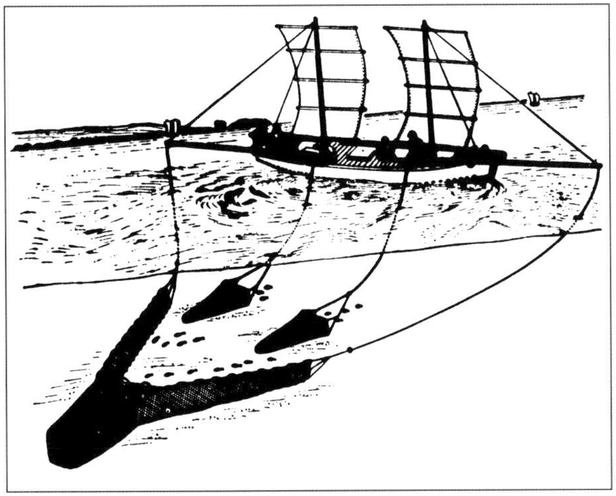

In einer koreanischen Publikation ist diese Darstellung zur Segelfischerei zu finden, bei der während einer Drift bis zu drei Fanggeräte gleichzeitig ausgebracht werden. Unklar bleibt die regionale Verbreitung dieser Fangmethode.

Driftstangen offen gehalten wurde, zog man zwei weitere Geräte über Grund. Die Zugleinen dieser kleineren Bügelnetze waren direkt an der Bordwand festgemacht. Noch im Jahre 1975 ist diese Segelfischerei in Ostasien beobachtet worden.

Für alle genannten Bootstypen zur Fischerei quer vor dem Wind ist ein flacher Schiffsboden die erforderliche Voraussetzung.

Damit dürften die Verbreitungsgebiete dieser besonderen Fischereimethode vorerst erschlossen sein. Aus Afrika und von den amerikanischen Kontinenten sind vergleichbare Fangtechniken nicht bekannt. Der kurze Blick in die globale Fischereigeschichte zeigt, dass die Zeesenfischerei der Ostsee so einzigartig wie oft vermutet nicht gewesen ist.

Die Anwendung gleicher Fangtechniken in verschiedenen geografischen Räumen drängt zur Frage, ob es neben direkten Wanderbewegungen, wie der von Deutschland nach Dänemark, einen globalen maritimen Kulturaustausch gab. Wahrscheinlich wird sich zeigen, wie auch der Fischereiwissenschaftler von Brandt erklärt, dass an verschiedenen Orten der Erde zur gleichen Zeit ähnliche Erfindungen gemacht worden sind. Das Rad, die Töpferscheibe und andere Beispiele, im maritimen Bereich das Steuerruder und der Kompass, wurden offenbar mehrmals »erfunden«.Parallel dazu wird es einen materiellen und geistigen Kulturaustausch gegeben haben. Die Besatzungen früherer Schiffe, die während ihrer Fernreisen zur Nahrungsbeschaffung auch auf den Fischfang angewiesen waren, dürften fremden technischen Neuerungen gegenüber sehr aufgeschlossen gewesen sein.

Zeesboot, Zeesenboot und Zeese – die Begriffe

Der Begriff *Zeese* stammt aus dem baltischen Raum und setzte sich an der gesamten südlichen Ostseeküste durch. Schriftlich wird *Seyze* bereits 1315 in Buggenhagen bei Lassan erwähnt. Man nimmt an, dass der damit bezeichnete Gegenstand, mit Sicherheit aber das Wort dafür, slawischen Ursprungs ist. Etymologisch drang es als Bezeichnung für »den Sack an einem Fischernetz« aus dem russischen *Sedia* über das estländische *Sääs* dann schließlich als *Sedzia* nach Litauen und weiter in den Westen.

In der Haffordnung von 1569 werden die *Czesener* und die *Kampzesen* genannt, die dort auch als *Mönneke Sack* bezeichnet werden. Später in der Ordnung von 1711 heißt das Gerät »Mönchsack, so heute zu Tage Zese genannt«. Als *Mönksakk* wurde im Mittelalter ein Beutel an Fischernetzen bezeichnet. Auch wenn die Klöster seinerzeit die Fischereirechte besaßen, lässt sich mit dem Namen nicht belegen, dass die Mönche persönlich an den Leinen gezogen haben. Die Mehrzahl der Fischereiwissenschaftler meint, dass *Mönchsack* lediglich ein sackförmiges Netz bezeichnete.

Pommersche Zeesboote vor der Insel Vilm im Greifswalder Bodden im ersten Jahrzehnt des 20. Jahrhunderts

In der Fischereiordnung von 1865 wurden dann auch *Zeesen* als Fischereigeräte genannt, »die aus einem Sacke mit Flügeln (Aalzeesen) oder statt deren mit zwei mit Stroh oder mit Spänen besteckten Leinen (Fischzeesen) bestehen und mit einem Segelboote quer, d. h. in der Richtung von Backbord zu Steuerbord, durch das Wasser bewegt werden«. Damit war eindeutig das Fangprinzip der Treibzeesenfischerei quer vor dem Wind beschrieben.

Der Begriff *Zeese* wurde in der Fischerei für alle Formen von Fangsäcken benutzt. Er fand auch Anwendung für Fanggeräte in der Streuer- und Schleppnetzfischerei der Haffe, beim Plattfischfang über Grund an der Küste und seit dem letzten Jahrhundert auch für die Grundschleppnetzfischerei mit Scherbrettern auf See.

Und so erscheint im 19. und 20. Jahrhundert das Wort *Zeese* auch außerhalb der eigentlichen

Aus den Monatsberichten der Fischmeister
»Die Ruderzeesen der Peene erzielten wenig, aber auf der Oder machten solche einige gute Aalfänge ... Treibzeesefischer machten nur geringe Fänge in Aal, Hecht und Barsch ... Scherbrettzeesen fischten längs der Küste bis Adlergrund und Bornholmer Becken ... Die Zeesenfischerei auf Plattfische beginnt auch hier in der Lübecker Bucht im April und dauert bis zum Winter ... Die Tagler- und Aalscherzeesen hatten gute Fangergebnisse ...«
(Auszüge aus: »Mitteilungen des Deutschen Seefischerei-Vereins«, 1926)

Reviere der Treibzeesenfischerei für die verschiedensten Fanggeräte der Schleppnetzfischerei: in den Arbeitsbüchern der Fischmeister ebenso wie in Gesetzen und Verordnungen, im Schriftverkehr der Fischereibehörden, in Pachtlisten, Berechtigungsscheinen und Meldungen zu den Fangerträgen. Fischereibeamte und auch ausgewiesene Fachwissenschaftler, etwa der Fischereibiologe HENKING, verwendeten diesen Begriff sehr großzügig.

Die Adressaten dieser Mitteilungen waren sachkundige Leser und wussten sie richtig zu deuten. Mit der *Zeesenfischerei* vor Lübeck war z. B. die Scherbrettfischerei mit Motorkuttern auf Plattfisch gemeint, und die in der Literatur für Warnemünde genannte *Zeese der alten Form* war ebenfalls keine Treibzeese. Sie kam aus dem Wismarer Raum und wurde auf See von zwei Jollen unter Segeln, den *Zeißjöllen*, wie bei der Tuckerfischerei geschleppt. An der kaschubischen Ostseeküste existierte unter dem deutschen Namen *Zeisenboot* (polnisch: *bot cezowi*) ein bis zu 5 m langes Ruderboot, das vor Anker liegend mit einer kleinen Zugwade, der *ceza*, auf Schollenfang ging.

Um Ordnung in das System zu bringen, wurde in der deutschen Fischerei von Amts wegen für die Drift quer vor dem Wind der Begriff der Treibzeesenfischerei eingeführt, der auch für die Fachliteratur verbindlich wurde. Entsprechend erhielten nun die Zeesenfischer vom Fischmeister auf Antrag ihre Fischereiberechtigung über eine Treibzeese auf Zeit für ein bestimmtes Fangrevier.

Das Fahrzeug dieser Treibzeesenfischerei kann sowohl als *Zeesenboot* als auch mit dem bei den Fischern und in der maritimen Volkskunde üblichen Namen *Zeesboot* bezeichnet werden. Beides ist richtig, wie der ehemalige Barther Fischer Werner Alwardt bestätigt: »Ich habe oft das Wort Zees- oder Zeesenboot benutzt, wobei die erste Bezeichnung bei uns die gebräuchlichste war.« Fischer Hermann Grählert: »An und für sich ist das ein Zeesboot«. Ekkehard Rammin sagt: »Zeesenboot ist sicher nicht falsch, aber Zeesboote sind es nun mal.« Der Ausdruck *Zeesenkahn* bezeichnet allerdings ein historisches Schiff ganz anderer Bauart.

Manche Zeesbootskipper, die den Zugang zu diesen Booten von der sportlichen Seite her gefunden haben, sprechen oft lapidar nur von »der Zeese«, auf der man Segel setzen und auch eine Wettfahrt machen kann. Ein über Jahrhunderte gewachsener Sachbegriff erfährt hiermit einen Bedeutungswandel. Und trotzdem bleibt die Zeese im herkömmlichen Sinne ein »Sack zum Fische fangen«. Die Fischer sagen: »Dat is'n Zeesboot – De Zeese is dat Nett und zeesen is dat, wat man domit mogt.« Sie nannten ihr Zeesboot auch »de Grootboot«.

In Stralsund, um 1930

Zeesboote im Querkanal Stralsund, um 1950

Segler durch die Zeiten – Geschichte

Die Geschichte der Zeesenfischerei an der Ostsee beginnt mit der Schleppnetzfischerei am Stettiner Haff. Als wichtige Quelle dazu muss immer wieder WEICKER zitiert werden, der 1927 die verschiedenen Epochen der Fischerei um das Haff und in seinen Nebengewässern beschrieben hat.

Von besonderer Bedeutung ist eine durch SCHIEMENZ 1898 publizierte Untersuchung zum Zustand der Zeesenfischerei im Stralsunder Revier. RUDOLPH hat im Ergebnis einer 1957 bis 1965 erstellten ethnografischen Dokumentation zur maritimen Volkskultur der südlichen Ostseeküste in einer herausragenden Darstellung die Zeit der Segelfischer beschrieben. Auch seine weiteren Publikationen sind wichtig, weil darin die letzte Epoche der Treibzeesenfischerei ausführlich behandelt wird.

Die schriftlichen Überlieferungen beginnen mit Akten des früheren Staatsarchivs zu Stettin, die bis 1535 zurückreichen.

Bereits 1449 tauchte der *Zesekahn* namentlich in der Stralsunder Chronik auf. 1601 erfolgte dort die Erwähnung *nathe czesekane*, der in anderer Schreibweise *Sezekan*, in der Schwedischen Landesmatrikel 1693 *Zeesekahn*, und dann später schließlich *Zeesen-* oder *Zeeskahn* genannt wurde.

Als älteste Form der Schleppnetzfischrei auf dem Stettiner Haff wurde bereits vor der Mitte des 16. Jahrhunderts eine Fischerei mit sackförmigen Netzen, also mit Zeesen, betrieben. Unter anderem gilt als Nachweis die Beurkundung von Privilegien durch den pommerschen Herzog Bogislaw (1454–1523) zur Ausübung der Zeesenfischerei durch die Stadt Ueckermünde auf den Gewässern des Stettiner Haffs. Es ist davon auszugehen, dass es sich dabei bereits um eine Schleppnetzfischerei quer vor dem Wind gehandelt hat.

Rund um das Haff waren zur Zeit der Segelfischerei weitere Schiffstypen mit Schleppnetzen im Einsatz, die sich zuerst durch ihre Besegelung unterschieden. Tuckerkähne und Taglerpolten schleppten im Gegensatz zu Zeeskähnen und Zeesbooten ihr Netz immer im Gespann. Zwei Segelfahrzeuge zogen gemeinsam eine Tuckzeese über

Aus der Chronik von Stralsund

»Anno 1449 up St. Gallen war hir en so grot storm von den norden und norosten, desgliken ken minsch gedacht hedde, denn he makede hir grot water; vele schepe schuten und bote, item Zesekähne zerstoetten, dat se hernamals thor seewerts edder tho nemende nuute wurden.«

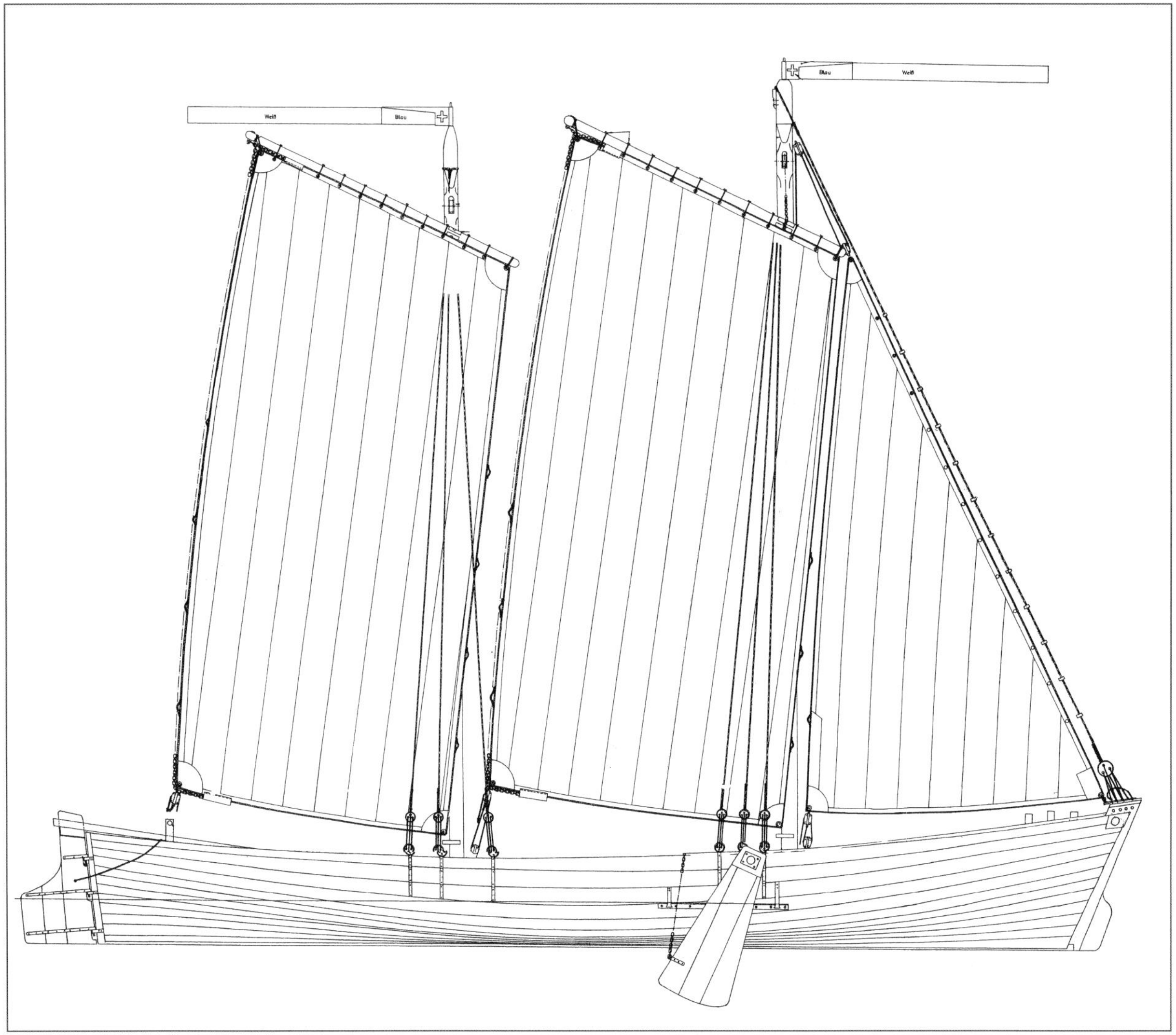

Zeeskahn mit festen Luggersegeln vom Stettiner Haff

den Grund. Das war ein Flügelnetz, welches als Dorsch-, Flunder-, Herings- oder Sprottentuckzeese verwendet wurde. Mit Flügeln, Mittelnetz und Stert waren die Dorsch- und Heringstuckzeesen der Kähne etwa 60 m lang und damit die größten Schleppnetze der Region. Tucker und Tagler, die auch im offenem Seeraum der südlichen Ostseeküste fischten, wurden 1941 auf dem Stettiner Haff verboten.

Für 1541 wird der Chronist Kantzow zum Umfang der Zeesenfischerei folgendermaßen interpretiert: »*... allein die Tatsache, daß die Zeesenfischerei, die zu ihrem Betriebe ein bedeutendes Kapital erforderte, im Jahre 1541 von einer erstaunlich großen Zahl von Kähnen – über hundert Zesekhäne – betrieben wurde, beweist, daß diese Fischereiart schon eine lange Entwicklung hinter sich gehabt haben muß*«. Die Zahl der Zeeskähne war aufgrund der expandierenden Tuckerfischerei in der Folgezeit aber ständig rückläufig und sank bis zum Jahre 1617 auf 34 Fahrzeuge.

Die Zeeskähne der Odermündung waren einst die größten an der südlichen Ostsee gebauten Fischereifahrzeuge und fischten noch bis Ende des 19. Jahrhunderts in kleinerer Bauart auch im Stralsunder und Rügener Revier auf dem Greifswalder Bodden.

Die Zeeskähne waren große und geklinkerte, eingedeckte Fahrzeuge aus Eiche mit leicht gekrümmtem Vorsteven. Nach unterschiedlichen Quellen hatten sie eine Länge bis zu 22 m, eine Breite von 6 bis 7 m und 1 m Tiefgang. Die Seitenhöhe wurde mit 1,7 m angegeben. Die Haffordnung

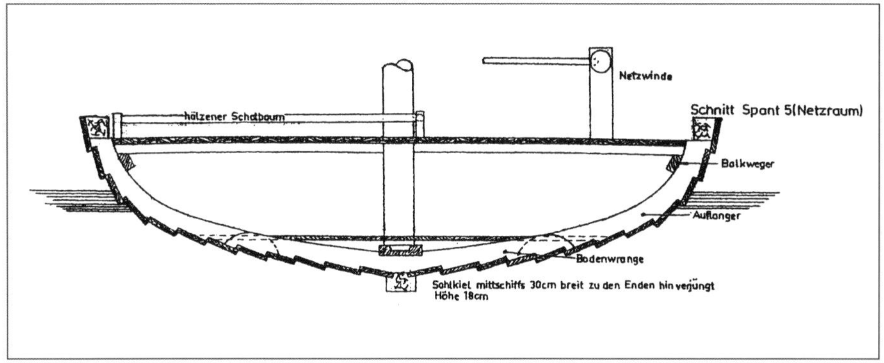

Querschnitt durch einen Zeeskahn vom Stettiner Haff

Zeeskähne auf dem Stettiner Haff, um 1880

Tuckerkähne
Klinkerbauweise, Länge 19 bis 21 m, Breite ca. 6,3 m, Tiefe ca. 2 m, Seitenschwerter, Rahbesegelung mit Fock-, Klüver- und Topsegel. Auch gedeckte Kielboote ohne Seitenschwert. Bei schwachem Wind wurde an einem zusätzlichen Baum das sogenannte dreikantige Achtergiev gefahren.

von 1569 legte fest, dass die Länge der *Zeesener-Kähne* 30 bis 32 *Stettinsche Ellen*, also etwa 20 m, nicht überschreiten durfte. Borchers beschreibt, »... daß sich nach dem Bug hin der Wohnraum, Küche und Kojen für 3 bis 4 Mann Besatzung befanden, hinter dem 2. Mast ein Raum zum Aufbewahren und Auslesen der Fische, »Dörnk« von den Fischern genannt, und dahinter der durchlöcherte Fischkasten ...«, der auf dänischen Einfluss zurückgeführt wird. Zur Ausrüstung gehörten zwei 4 m lange Seitenschwerter.

Auf dem Schiff standen zwei Masten von 17,8 und 17,2 m Höhe mit Luggertakelung, die je ein Rahsegel trugen. Zur *Luggertakelung* gehörte auch ein Focksegel. Für die Zeeskähne wird im Schiffsregister 1875 ein Bruttorauminhalt von 100 bis 110 m³ angegeben. Aufgrund ihrer Schiffslänge waren keine Driftbäume notwendig. Die Schleppleinen wurden an beiden Bootsenden in Höhe der Wasserlinie belegt.

Wie die Stralsunder *Zeesekähne* ausgesehen haben, lässt sich nicht mehr genau sagen, weil zeitbezogene Fotos und Modelle nicht überliefert sind. Sie waren aber mit Sicherheit kleiner als die vom Stettiner Haff. Denn 1856 bestimmte der Rat von Stralsund: »Die gestatte Länge eines Zeesekahnes beträgt: Länge über die Steven 42 Fuß, größte Breite 15 Fuß, Tiefgang hinten 4 ½ Fuß, Länge des Wasserraumes 9 Fuß.«

1872 existierten in Stralsund noch sieben solcher Kähne von 13 m Länge, 1885 noch drei Exemplare als Hälterfahrzeuge (Ligger), die nach einem Umbau aus stillgelegten Fahrzeugen hervorgegangen waren. Der letzte sundische Zeeskahn soll als Ligger 1935 abgewrackt worden sein.

Inzwischen gibt es Bauzeichnungen von Dieter Kettelhut, nach denen jetzt der Modell- und Nachbau eines Zeeskahnes möglich ist. Grundlage seiner Konstruktion sind Zeichnungen des Schiffbauingeniers Karl Manthe, auf dessen väterlicher Werft dieser Schiffstyp noch gebaut wurde. Diese Zeichnungen entstanden nach 1945 im Auftrag der »Schiffbautechnischen Gesellschaft« für die

Tuckerkähne vom Stettiner Haff beim Fischen

sowjetische Besatzungsmacht im Rahmen von Reparationsleistungen. Durch den Schiffshistoriker Gerhard Salembke wurden die Zeichnungen ergänzt und bewahrt.

Der älteste Beleg für den Begriff *Zeesboot* stammt aus dem Jahre 1858. Wir können aber davon ausgehen, dass die Entwicklung neuer Boote für die Zeesenfischerei schon früher begonnen hatte. Fahrzeuge vom Typ der rügischen Fracht-Yachten, die gleiche Längen aufwiesen, wurden mit zwei Bäumen versehen, die vorn und achtern über das Boot hinausragten und fortan die Schleppleinen führten. Auf den Fangplätzen der Zeesener fischten traditionelle Zeeskähne und neue Zeesboote geraume Zeit nebeneinander. GRÜMBKE gab bereits in seinen 1805 veröffentlichten Briefen einen ersten schriftlichen Hinweise auf Zeesboote der Rügener Gewässer: »Ein solches Fischereifahrzeug hat die Länge einer Jacht und bedient sich der Segel. In seiner Mitte ist ein Wasserbehälter für die gefangenen Fische, das Raumloch genannt; die Planken des Kahnes sind daher auf beiden Seiten durchlöchert, damit das Meerwasser immer durchströmen kann. Seinen Namen führt es von der Zese, d. h. einem zwischen zwei Stangen ausgebreiteten Netze, das am Hinterteil befestigt ist und ehemals wegen seiner beutelförmigen Gestalt Mönchsack hieß.«

Wichtige Quellen sind die Werke der Maler jener Zeit. Der bedeutende Maler der Romantik C. D. Friedrich (1774–1840) studierte die Natur sehr genau, zeichnete auch Einzelheiten vor Ort, bevor er seine Bilder im Atelier malte. Vor allem seine Zeichnungen besitzen besonderen Dokumentationswert.

Als wichtiges Zeitdokument sind die Skizzen zu Friedrichs Bild *Auf dem Segler* aus dem Jahre 1819 zu werten. Hier zeichnete er neben dem üblichen Klüverbaum eindeutig noch einen zusätzlich ausgeschobenen, durch eine Kraft gekrümmten Driftbaum, über den deutlich eine gespannte Zugleine läuft. Er konnte dieses Bild nur so zeichnen, wenn er an Bord eine Drift selbst erlebt hatte. Kunstwissenschaftler meinen, dass die Gemälde Friedrichs vom *»... Zusammenfügen verschiedener, räumlich nicht zusammengehörender Elemente ...«* lebten und er *»... immer wieder aus seinem einmal angelegten Skizzenfundus ...«* schöpfte. Er sammelte sozusagen vor Ort Bausteine, die er später im Atelier zusammensetzte. In seinen Skizzenbüchern befinden sich viele solcher maritimen Details, die wichtige Hinweise zu den Schiffbautraditionen seiner Zeit liefern.

Die spätere Umsetzung der Arbeitsskizze lässt vermuten, dass Friedrich von Fischerei und Segeltechnik selbst wenig verstand. Denn im Bild läuft die Zugleine in der falschen Richtung, bei der dargestellten Segelstellung müsste die Drift über Backbord gehen. Friedrich muss jedoch von der neuen Technik der Fischer sehr beeindruckt ge-

Taglerpolten (Tuckerpolten)
Von diesem Typ gab es drei Größen von 6 bis über 10 m, Breite von 3 bis 6 m, mit Seitenschwertern, in der Regel später mit Mittelschwert, und einer Gaffelbesegelung mit Großsegel, Fock- Klüver- und Topsegel.

Die ersten Zeesboote
Die ersten Zeesboottypen des 19. Jahrhunderts waren spitzgatt konstruiert, geklinkert und auf Sohle gebaut. Sie hatten schon einen festen Klüver- und Achterbaum. Die neuen Boote waren vorerst nur einmastig getakelt. Das Rigg war ein Gaffel-Großsegel ohne Giekbaum mit losem Klüver und einer Stagfock. Nicht auszuschließen ist, dass sie anfangs Sprietsegel fuhren.

wesen sein, weil er immer wieder solche Ausleger in seinen Werken als gestaltendes Element einsetzte. Die Aussage der Bildinhalte ist eindeutig:

Am Beginn des 19. Jahrhunderts war die Entwicklung eines neuen Bootstyps, der später als Zeesboot bezeichnet wurde, schon weit vorangeschritten.

Durch die Installation von Auslegerbäumen, wie sie wahrscheinlich in anderen Fischereiregionen auch schon verwendet wurden, fanden die Fischer einen Weg, während des Treibens die effektive Länge eines Fahrzeuges zu vergrößern. Die Zeesboote waren durch diese Innovation im Fischfang jener Zeit ein Erfolgsmodell. Die vom Fiskus damals von den Zeesefischern geforderte Reduzierung der Schiffslänge hatten die Fischer durch diese intelligente und einfache Lösung realisiert. Zudem waren die kleineren Boote zum Einsatz in den flachen Boddengewässern besser geeignet als die großen Kähne mit der personal- und arbeitsintensiven Lugger-Besegelung. Mit dem neuen, wendigen Bootstyp konnten sich die Schleppnetzfischer den Strukturen der Boddenfischerei mit Stellnetzen und Reusen besser anpassen. Insbesondere war

Caspar David Friedrich hat in einer Arbeitsskizze aus dem Jahre 1818 neben dem festen Klüverbaum über Backbord auch einen Driftbaum gezeichnet, an dem eine Zugleine befestigt ist. Diese Darstellung, in Verbindung mit dem Gaffelrigg, kann als Indiz dafür gelten, dass es zu dieser Zeit bereits Fahrzeuge vom Funktionstyp der Zeesboote gegeben hat. Ein noch früherer Hinweis auf Driftstangen findet sich im Gemälde »Mondnacht am Strand mit Fischern« von 1815.

Der Hafen von Wismar im ersten Jahrzehnt des 20. Jahrhunderts. Aufgrund eines wöchentlichen Wechsels zwischen Schleppnetz- und Standnetzfischerei in der Wismarer Bucht, der bereits vor der Jahrhundertwende gesetzlich geregelt war, ergaben sich längere Liegezeiten für die Boote.

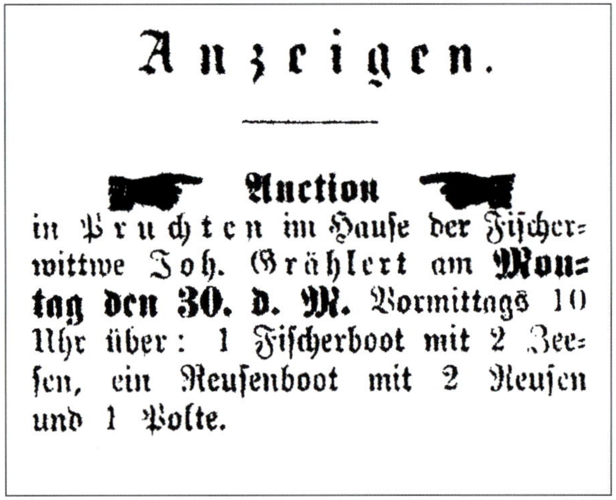

Anzeigen.

Auction
in Pruchten im Hause der Fischerwittwe Joh. Grählert am **Montag den 30. d. M.** Vormittags 10 Uhr über: **1 Fischerboot mit 2 Zeesen, ein Reusenboot mit 2 Reusen und 1 Polte.**

Zum Nachlass des 1879 verstorbenen Zeesenfischers Grählert aus Pruchten gehörten neben dem Fischerboot, womit hier ein Zeesboot gemeint ist, zwei weitere Arbeitsboote. Es war üblich, das Zeesboot auch als das große Boot zu bezeichnen.
(Barther Wochenblatt, 27. 6. 1879)

Flunderboote
Mit den etwa 12 m langen, durch zwei Mann besetzten Flunderbooten wurde mitten auf der Ostsee, besonders zwischen dem Darß und den dänischen Inseln gefischt. Das Fanggerät war ein Scherbrettnetz, der sogenannte Flunderbeutel. Die auf Hiddensee beheimateten neun Flunderboote sollen nach Schliecker nur bis 1914 gefischt haben.

der Investitions- und betriebswirtschaftliche Aufwand gegenüber den alten Kähnen geringer. Die Besatzung konnte durch die Übernahme des Gaffelriggs, einer niederländischen Erfindung aus dem 17. Jahrhundert, mit dem bereits die Pommern-Yachten und Taglerpolten getakelt waren, auf nur zwei Mann reduziert werden. C.D. Friedrich hat Gaffelsegel schon 1798 in seinen Skizzenblättern gezeichnet. Die Fangmethode und das Netz wurden von den Zeeskähnen übernommen. Angesichts der geschilderten Vorteile wundert es nicht, dass die für ihre Zeit modernen Zeesboote eine schnelle Verbreitung bis hin nach Dänemark fanden.

Das ausgehende 19. Jahrhundert war eine Zeit explosiven Fortschritts auch im Schiffbau, von dem Impulse zum Bootsbau ausgingen. Eine Zeitlang übernahm man für die Zeesboote den Klippersteven, das Rundgattheck und die Kraweelbauweise. Später kam man jedoch wieder zum konvexen Vorsteven, dem Spitzgattheck und zur bewährten Klinkerbauweise zurück.

Das bei den ersten Booten noch übliche mannshohes Seitenschwert, welches bei jedem Segelmanöver zur anderen Seite geholt werden musste, wurde nach 1880 schnell von dem aus Nordamerika übernommenem Mittelschwert abgelöst, das in jenem Jahr auf der Berliner Internationalen Fischereiausstellung gezeigt worden war. Dieses neue Drehschwert war anfangs häufig aus Eisen und später aus Holz gefertigt. Mit dem Einbau des Mittelschwerts verschwand der Quergang zwischen Kajüte und Segelbalken, der bisher zum Umsetzen benötigt worden war. Wenn die Kajüte bis zum Segelbalken vergrößert wurde, entfiel zudem die Tür. Der Einstieg erfolgte dann von oben über das Deck.

Bei den Rügener Fahrzeugen hatte Grümbke bereits 1805 den durchfluteten Fischkasten (die *Bünn*) erwähnt, der nach Weicker im Zeeskahn erst 1850 eingebaut wurde. Bei den Zeesbooten war

Mit Familie und Freunden von Oswald Jarchow entstand dieses Foto vor Rerik. Fritz Schmidt hatte das Zeesboot dort 1949 gebaut. Der Segelmacher Harich hatte die Segel im Strandhotel zugeschnitten, bevor sie vom Fischer Jarchow selbst genäht wurden. Das Großsegel war dabei zu schmal geraten und musste später vergrößert werden.

dieser nasse Hälterkasten im Lauf der Zeit konstruktiven Änderungen unterworfen. Lag er erst vor der hinteren Ducht, verlagerte er sich später nach mittschiffs. Um 1900 wurde er in seiner Form oft vom dänischen Trumpfdäken, einer Kastenbünn, abgelöst. Auf den heutigen Booten fand sich – vor dem Umbau zum Sportboot – die Achterbünn bzw. die Bünn mittschiffs beiderseits des Schwertkastens.

Zur Zeesenfischerei wurden auch andere Bootstypen genutzt. RUDOLPH berichtet »... von nur behelfsmäßig zum Zeesen hergerichten Fahrzeugen ...«, die in der Nachkriegszeit Verwendung fanden. In Stralsund soll ein Fischer sogar mit einem Rettungsboot gezeest haben und Arthur Borgwardt aus Bresewitz ging mit einem Strandboot auf die Drift. Zu Hiddensee schreibt SCHLIEKER: »Sicher ist, daß ähnlich wie bei den SEEBOOTEN später auch FLUNDERBOOTE zu Zeesbooten umfunktioniert wurden. Sie stammten aus den gleichen Werften wie die Zeesboote und hatten gleiche Bauart und Abmessungen.« Gegenüber den Zeesbooten gab es nur geringe Unterschiede an der Takelage.

Auch *Manzenboote,* die vor Ostrügen mit Treibnetzen fischten, wurden zu Zeesbooten umgerüstet. Die heutige *Hoffnung* (FZ-40) etwa wurde in Seedorf 1921 für einen Fischer auf Hiddensee als Manzenboot für die Treibnetzfischerei gebaut, bevor sie in den 30er Jahren als Zeesboot zum Einsatz kam. *Windjammer* (FZ-23) und *Störtebeker* (FZ-3) wurden 1910 und 1911 in Freest ebenfalls als Manzenboote gebaut.

Um 1906 beginnt bei den Segelkuttern der südlichen Ostseeküste die Ausrüstung mit Hilfsmotoren, die ab 1925 von Motorkuttern mit Hilfsbesegelung abgelöst werden. Der erste Einbau eines Motors in ein Zeesboot soll 1927 in Stralsund erfolgt sein. Zur gleichen Zeit rüsten auch Wismarer Fischer ihre Boote mit den ersten Motoren aus. Bemerkenswert ist, dass 1955 auf Hiddensee von fünf vorhandenen Zeesbooten erst zwei motorisiert waren und auch Reinhard Techel in Rerik sein Boot erst 1970 mit einem Motor ausrüstete.

Die Motorisierung der Boote übte auf den eigentlichen Fangprozess keinen Einfluss aus. War die Verwendung eines Motors während des Fischens zu allen Zeiten verboten, so rentierte sie sich doch bei der Anreise zu entfernten Revieren und beim Wechsel des Fangplatzes. Sie erleichterte die Manöver in engen Fahrwassern und ermöglichte später auch den Einsatz bei anderen Fischereiformen. Ihre vielseitige Verwendbarkeit in der Küstenfischerei war ein Grund, warum die Zeesboote die Zeiten überdauert haben.

In den 1960er Jahren blieben die Zeesboote in Bodstedt auch winters im Wasser. Im Vordergrund das Boot von Hugo Borgwardt. Fischer Franz Drewes hat noch die Segel gesetzt. Als letzte Fischer in Bodstedt haben Heinz und Hellmuth Bauer die Zeesenfischerei 1977 aufgegeben.

BOD.3

Manzenboote im Sassnitzer Hafen auf einer Postkarte, ca. 1900. Um Rügen wurde die Manzenfischerei auf Hering betrieben. Die dazu verwendeten See- bzw. Flunder- und Manzenboote waren fast baugleich und entstanden in Werkstätten und Werften, die auch Zeesboote bauten. Flunder- und Manzenboote waren seetüchtig und einen Plankengang höher als die Boote der Boddenfischer. Getakelt waren sie mit einem festen Lugger-, aber ohne Besansegel. Zum Besatz gehörten in der Regel drei Mann. Manzenfischerei wurde als Saisonfischerei von Ende August bis etwa Oktober und nur nachts ausgeübt. Vom Schiff wurden vier einwandige Kiemennetze (Manzen) zu einer frei im Wasser treibenden Netzwand (570 m Länge, über 5 m Tiefe) gesetzt.

Diese 1909 datierte Ansichtskarte zeigt zwei Zeesboote im Barther Hafen, die kurzzeitig am Anleger festgemacht haben, um ihren Fang abzuliefern. Im Hintergrund an der Pier wird bereits mit Fisch gehandelt.

***Seite 42:** Die »Heimat« war einst das Zeesboot des Stralsunder Fischers Max Heise. **Seite 43:** Segeln mit Tagesgästen war früher auch bei den Fischern üblich. Wie hier mit der »Butt« vor Barnstorf bei Wustrow wird es heute in manchen Häfen wieder angeboten.*

Das Boot der Fischerfamilie Grählert aus Pruchten, 1927 dort gebaut, wird bereits von der fünften Generation genutzt. Nach dem Ende der Zeesenfischerei war es mit Reusen und Stellnetzen im Einsatz. Heute wird es wieder für Driften im Herbst aufgetakelt. PRU. 7 besitzt als einziges Zeesboot noch einen Fischkasten.

FZ8

Zeesboote und Drivkvaser – unter Segeln nach Dänemark

Zeesenfischer Paesch über seine Fischerei in Schleswig-Holstein
»Behinderungen habe es dabei mehrfach gegeben, so sei in Flensburg auf einen pommerschen Fischer geschossen worden, in Sonderburg hätte man zwei Kollegen wegen Behinderung der örtlichen Wadenfischerei mit Geldbußen bestraft, und in Neustadt habe man beköderte Angel-Langleinen ausgeworfen, um die Fremden am Zeesen zu hindern. Ihm selbst sei aber keinerlei persönliche Belästigung widerfahren; er könne im Gegenteil davon berichten, daß ihm die Leute freundlich gegenübergetreten wären und um Rat gebeten hätten, wie man die dort unbekannte Zeesenfischerei betreiben könne.«
(Stralsunder Zeitung, 1889)

Im Jahre 1869 erließ der Norddeutsche Bund ein neues Gewerbegesetz, das auch für die Fischwirtschaft Bedeutung erlangte. War für die Ausübung der Fischerei bisher ein fester Wohnsitz im Fanggebiet unabdingbare Voraussetzung gewesen, so galt nun Gewerbefreiheit ohne festen Aufenthalt. Im südlichen Ostseeraum öffneten sich damit für die Fischerei neue Wege, vornehmlich in Richtung Westen.

Noch im gleichen Jahr nutzten mehr als 30 preußische Zeesenfischer die neuen Möglichkeiten und segelten zum Aalfang nach Schleswig-Holstein. Ihrem Fischmeister in Stralsund teilten sie mit, dass »... sie sich durch die Unergiebigkeit der hiesigen Fischerei dazu gedrängt fühlten«. Der wirtschaftliche Erfolg ihrer Driften in den fremden Gewässern zwischen Fehmarn und Apenrade war überraschend. Solche guten Fangergebnisse waren in den alten Revieren nicht mehr zu erreichen.

Einige Fischer der Flensburger Förde wandten sich jetzt der Fischerei mit der Treibzeese zu; in Flensburg und Sonderburg wurden schon die ersten Zeesboote nach pommerschen Muster gebaut. Dagegen empfanden die Kleinfischer an der Schleswiger Küste die deutsche Konkurrenz als sehr bedrohlich. Als die pommerschen Zeesenfischer erneut in ihrem Revier erschienen, wurde nach heftigen Protesten 1870 in Schleswig-Holstein eine Polizeiverordnung »betreffend den Gebrauch der Zeesen und ähnlicher Grundnetze« erlassen, die in nahezu allen Buchten und Förden des Landes die Fischerei mit Zeesen untersagte. Man besann sich damit auf eine alte Zunftbestimmung aus dem Jahre 1474, die den Fischfang in den Flensburger Gewässern nur heimischen Fischern erlaubte. Da sie gerade in die neue Fangmethode erfolgreich investiert hatten,

Die Dänische Drivkvase »Viktoria« wurde in ihren Originalzustand versetzt und weist lediglich bei der Motorisierung Kompromisse auf.

Deutsche Boote wurden geentert
»Im Sommer 1871 berichtete die dänische Seezollbehörde, daß ihre Aufsichtskutter an die zwanzig Stralsunder Fischerfahrzeuge im Aarøsund ausgemacht hätten. ... In der Nacht zum 31. August 1871 wurde in der Apenrader Förde eine Gruppe von (pommerschen) Zeesbooten durch städtische Gendarmen geentert.« Es stellte sich heraus, dass sie auch früher in der Flensburger Förde hatten Strafe zahlen müssen, weil sie dort im Verbotsgebiet gezeest hatten.
(Nach: Rasmussen)

standen die neuen Zeesener dem Verbot verständnislos gegenüber und versuchten mit Eingaben die Situation zu retten. Doch die Regierung blieb hart und hielt am Verbot der Zeesenfischerei fest. Die Verbotszonen wurden sogar noch erweitert.

Das Geschehen damals sowie die Entwicklung in Dänemark hat Rasmussen in seinem Buch »Unter Segeln nach Dänemark«, das 1988 in Rostock erschien, ausführlich dargestellt. Eine weitere wichtige Quelle ist sein Buch »Drivvod i Danmark« (Esbjerg 1988). Er beschreibt darin auch, welche wichtige Rolle die pommerschen Quatzenschiffer in der deutsch-dänischen Fischereigeschichte spielten, die ihre Geschäfte mit dem Aufkauf von Lebendfischen für den deutschen Markt in den dänischen Gewässern machten.

Die deutschen Zeesener hatten durch diese Quatzenschiffer von den Fischbeständen um die dänischen Inseln erfahren. Mittels reicher Fänge im Ausland wollten sie nun ihre Existenz in der alten Heimat sichern und wurden dabei nicht enttäuscht: Sie fanden in Dänemark Küstenstrukturen sowie annähernd gleiche Gewässerverhältnisse und Fangbedingungen wie in Deutschland vor, die sich auch für die Treibzeesenfischerei eigneten.

Bald wurde aufgrund ihrer hohen Erträge die neue Fangtechnik auch von dänischen Fischern übernommen. Die Boote dazu beschafften sie sich vorerst aus Deutschland. »Wenn ein Volk Bootsformen kennenlernt, die ihm bisher unbekannt waren, so liegt es nahe, daß man sich fragt, ob dieser fremde Typ in die eigene Fischerei übernommen werden kann und soll. Probleme der Wirtschaftlichkeit, der Bautradition und der Gewässertopographie spielen dabei eine gewichtige Rolle«, schreibt Rudolph.

Dänische Aledrivkvase

Die Freude an den guten Geschäften in dänischen Gewässern währte nur kurz. Mit dem Erlass eines neuen Fischereischutzgesetzes, das ab 1872 in bestimmten Gebieten Dänemarks die Fischerei mit Grundschleppnetzen wegen angeblicher Schädlichkeit unter Strafe stellte, entstand wieder Zank und Hader vor allem um die Zeesenfischerei. »Der anfängliche Widerstand gegen das bedrohlich erscheinende Neue«, schreibt RASMUSSEN, »entsprang dem Selbsterhaltungstrieb der mit stehenden Geräten passiv Fischenden im Südosten des Landes.«

An der Westküste Jütlands gingen zu dieser Zeit fremde Nordseefischer schonungslos mit der Baumkurre auf Schollenfang. Das heizte die Stimmung unter den dänischen Fischern mächtig an. Und die Tatsache, dass man in Kopenhagen in Unkenntnis der Dinge die Treibzeesen- mit der britischen Trawlfischerei in einen Topf warf, war der Sache nicht dienlich. 1873 gelang es einem dänischen Zeesenfischer erstmals, durch alle gerichtlichen Instanzen hindurch Recht zu erhalten. Erst in den 1890er Jahren kam es zu gesetzlichen Regelungen, die dem Streit um die Treibzeesenfischerei in Dänemark ein Ende setzten.

Trotz der bis dahin unsicheren Lage übersiedelte eine bemerkenswerte Anzahl Zeesenfischer ab 1872 aus Stralsund, von der Insel Rügen und aus Barth mit Familie, Boot und Arbeitsgeräten nach Dänemark. Sie erfüllten damit die Bestimmungen dieses Landes, wo ein fester Wohnsitz nach wie vor Voraussetzung für die Ausübung der Fischerei war. In zwei Wellen wanderten im Laufe der Zeit mehr als 50 Zeesener aus, vornehmlich nach Falster, Lolland und in den Süden Seelands. Grund dafür dürften neben den ständigen Beschränkungen und den erstarrten Zunftbedingungen des Stralsunder Amtes der Zeesener vor allem das Ratsdekret der Stadt vom 20. September 1880 gewesen sein, das die Anzahl der Zeesenfischer in diesem Bezirk, einschließlich der Insel Rügen, von ehemals 110 auf 80 senkte.

Alsbald begann in Dänemark der Nachbau und Handel mit pommerscher Booten. Im dänischen Schiffsregister wurden in jener Zeit allein 54 Ankäufe von Zeesbooten, die man als *Tyskekvaser* bezeichnete, aufgelistet. Das erste Stralsunder Boot wurde 1871 über Flensburg in den Kleinen Belt verkauft. Danach gingen alle Nordschleswiger Boote zum Verkauf über die Grenze. Insgesamt sollen bis in die 90er Jahre etwa 100 Zeesboote die Länder gewechselt haben. Bekannt ist die 1872 noch in Stralsund gebaute *Minna*, die heute als Modell neben der dänischen Drivkvase *Dødskende* im Handels- und Seefahrtsmuseum Helsingør gezeigt wird.

Die dänischen Fischer und Bootsbauer begannen, die Tyskekvaser entsprechend ihren eigenen Bautraditionen etwas zu modifizieren, um sie besser an die Gewässerverhältnisse um die Inseln anzupassen. In Anlehnung an Segelquatzen wurden sie *Aledrivkvaser* genannt. Das Fangnetz wurde als Drivod-Trawel bezeichnet. Die Nachbauten, die man in dänischer Klinkerbauweise herstellte, glichen in Rumpf und Takelage ihren deutschen Vorbildern. Man baute sie jedoch gleich mit dem modernen Mittelschwert und versah den Fischkasten wie beim dänischen *Däken* mit einem Eingabeschacht.

Die dänische Presse schrieb: *»Letzten Sonntag lagen hier drei Zeesboote, die im Fjord gefischt hatten. Deren Bauweise ist vollkommen deutsch. Die Besatzungen können kein Wort dänisch sprechen. ... Nun mag vielleicht der eine oder andere einfältige Leser denken, daß es sich dabei um deutsche Fahrzeuge handelt. Mitnichten! Sie sind so dänisch, wie die Dokumente es nur ausweisen können. ... Sie wurden in Stubbekøbing und Nykøbing auf Falster ausgestellt. Es ist also ganz natürlich, daß nun des, Landes eigene Kinder hier in unseren Fjorden fischen. Fragt man sie, seit wann sie denn schon Dänen sind, so antworten sie mit holdem Lächeln: Seit vier Wochen ...' Es sind also unbestreitbar junge Dänen. Ob sie es bleiben werden, ist eine andere Frage.«* (»Prästø Stadt- und Kreiszeitung«, 1881)

Aledrivkvaser im Originalzustand
Die Liste der dänischen Traditionssegler-Vereinigung nennt folgende, noch original erhaltene Aledrivkvaser mit Baujahr und Werft: *Anne Hedwig* (Lundby), *Concordia* (1927, Fejø), *Dan* (1908, Fejø), *Forth* (1916, Fejø), *Honen* (1890, Korsør), *Laura* (1907, Nysted), *Lilly* (1914, Fejø), *Maefikken* (1917, Fejø), *Viktoria* (1897, Fejø) und *Rosa* (ohne Angabe).

Von 1894 bis 1914 stellte der Bootsbauer Niels Christian Nielsen auf der Insel Fejø vor Lolland nicht weniger als 40 Drivkvaser her. Seine veränderte, etwas kleinere Aledrivkvase in der Bautradition der *Smakkejoller* wurde zum Prototyp einer Erfolgsgeschichte im dänischen Bootsbau. Auch in anderen kleinen Werften des Landes wurden nun Aledrivkvaser gebaut. Für seine erste Fejø-Kvase erhielt er mit 400 Kronen weit weniger als derartige Segler in Deutschland kosteten. 1889 begründete auf Fejø Jörgen Kristian Mortensen eine weitere Werfttradition, die bis zum Ende des 20. Jahrhunderts reichte. Die erste Drivkvase baute er 1892 für seinen Schwager Niels Larsen in Lilleø. Um 1905 wurden die ersten Motoren eingebaut, über zwei Jahrzehnte früher als in Deutschland. Die letzte Drivkvase wurde 1929 auf Fejø von Emanuel Mortensen für einen Fischer auf Askø gebaut.

Die über die Ostsee ins Land gekommenen technischen Neuerungen setzten sich im Laufe von nur zwei bis drei Jahrzehnten in der dänischen Fischerei durch. »Die Einführung des Zeesens war das größte Verdienst der nach Dänemark zugewanderten pommerschen Fischer«, schreibt Rasmussen. Er verweist ebenfalls auf die Einführung der Vorkammer-Reuse, einer Kutterzeese und der Hechtdardel, die zum Beispiel das Blinkern auf Hecht rund um die Insel Møn populär machte. Rassmussen berichtet über die deutschen Fischer: »Die Aktivitäten der pommerschen Handelsquatzen machten ein wichtiges Kapitel der deutsch-dänischen maritimen Kulturkontakte während des 19. Jahrhunderts aus. Quatzener wie Zeesener waren bei der dänischen Küstenbevölkerung gut angesehen. Kein Wunder: hatten sie doch zu allen Zeiten viel Geld in den Taschen. Sie bezahlten stets in bar und ließen nie anschreiben, wie das von Seiten der dänischen Fischhändler meist praktiziert wurde.«

Drivkvaser werden heute in Dänemark nicht mehr zum Fischen verwendet. In den Gewässern um Fejø waren Ejler Kulle und Hans Hansen, der 1950 ertrank, die letzten Fischer, die noch auf Drift gingen. Danach soll vor Seeland mit Drivkvasern noch bis etwa 1970 gefischt worden sein. Auch die Nielsen-Werft gibt es nicht mehr. Die bei Mortensen auf Fejø 1917 gebaute Drivkvase *Maefikken* allerdings hat zur Insel zurückgefunden. Seit einigen Jahren ist Fejø wieder ihr Heimathafen. Für die historisch originalgetreue Restaurierung als Fischereifahrzeug erhielt das Boot 1989 den »Kølhalingsblokken-Pokal« der »Traeskibs Sammenslutningen«, der dänischen Traditionssegler-Vereinigung.

Für die Erhaltung eines besonders bedeutsamen Schiffes in seinem Originalzustand erhielt die 1904 bei Christian Nielsen auf Fejø gebaute Drivkvase *Viktoria* 1996 eine internationale Auszeichnung. Das 8,70 m lange Boot, das immer noch mit gelothen Flachssegeln und Hanftauwerk ohne Kompromisse an

Die originalgetreu restaurierte dänische Aledrivkvase »Maefikken« ist 1917 auf Fejø gebaut worden und segelt heute wieder vor der Insel im alten Fangrevier.

die Freizeitsegler gefahren wird, befindet sich heute im Besitz des Nationalmuseums Roskilde, das es 1981 vom letzten Fischer aus Nyord für die symbolische Summe von einer Krone erwarb.

Auf Fejø, in Dybvig Havn, ist das Sommertreffen dänischer und deutscher Zeesbootsegler heute Tradition. Diese erinnert an die einst fruchtbaren Beziehungen zwischen Vorpommern und Dänemark auf dem Gebiet der Fischerei und des Schiffbaues. Wo einst die Segelfischer ihre Driften machten, starten Drivkvaser und Zeesboote zu gemeinsamen Wettfahrten. Die anschließenden Siegesfeiern – unter Danebrog und deutscher Flagge mit reichlich Schnaps und Gesang – dauern oft bis in den frühen Morgen. Dänische Drivkvaser sind inzwischen auch regelmäßige Gäste bei der Regatta in Bodstedt.

Auf Erfahrung gebaut – die Konstruktion

Kraweelbauweise: Die Planken liegen unmittelbar aufeinander und ergeben eine glatte Außenhaut.
Klinkerbauweise: Die Längsplanken sind dachziegelartig übereinander angesetzt.
Schalenbauweise: Zuerst wird mit der Fertigung der Außenhaut begonnen. Das innere Stützgerüst wird nachträglich eingebaut.
Gerüstbauweise: Auf ein inneres Stützgerüst, die Längs- und Querverbände, wird die Außenhaut aufgebaut.

Für die Schleppnetzfischerei quer vor dem Wind waren Zeesboote die bessere Alternative zu den Zeeskähnen. Sie waren in Bauweise und Ausstattung der Fischereimethode und den hydrographischen Bedingungen optimal angepasst. Als Flachboden-Fahrzeuge waren sie statt auf einem hochkantigen Balkenkiel auf einer Bodenplanke als Kielsohle gebaut.

Das pommersche Zeesboot, oft auch als preußisches Boot bezeichnet, ist eine Ketsch, also ein zweimastiger Segler, mit Balkensteven und einem ausgeprägten Decksprung.

Die Herstellung dieser Zeesboote erfolgte in der für das Ostseegebiet traditionellen Schalenbauweise zuerst in Klinkerbeplankung auf Spanten, bevor später kraweel gebaut wurde. Im Hinblick auf die Steven und Heckformen hat sich zum Ende des 19. Jahrhunderts im Stralsunder Raum ebenfalls verschiedentlich ein Wandel vollzogen. Neben der Spitzgattform baute man jetzt auf den Werften häufiger Boote mit Klippersteven und abgerundetem Heck. Als Materialien dienten Eiche für den Rumpf und Fichte für das Deck, für die Masten wurde meist Tannenholz verwendet. Die Außenhaut bestand aus 10 bis 13 etwa 4 cm starken Plankengängen. Meist blieb der Rumpf naturbelassen. Er wurde mit Holzteer konserviert und nur bei älteren Booten farbig gestrichen.

Unter dem eingedeckten Vorschiff befand sich das *Vorünner*, ein Raum zum Schlafen und Kochen. Zwischen Vorünner und dem Segelbalken, der den Großmast stützte, war früher eine Planke, der Laufgang *(Loop-* oder auch *Schwiertgang)*. Dieser wurde zum Schwertwechseln gebraucht, weil die Boote ursprünglich mit einem einzelnen Seitenschwert segelten, das bei jeder Wende auf die andere Seite gewuchtet werden musste. Wahrscheinlich waren Zeesboote die einzigen Fischereifahrzeuge in Europa, die bis zur Einführung des Mittelschwertes nur mit einem Seitenschwert gesegelt wurden. Die Seitenschwerter der einzelnen Boote unterschieden sich voneinander in Form und Größe.

Hinter dem Großmast begann der offene geräumige Arbeitsraum, beiderseits eingefasst von Decks-

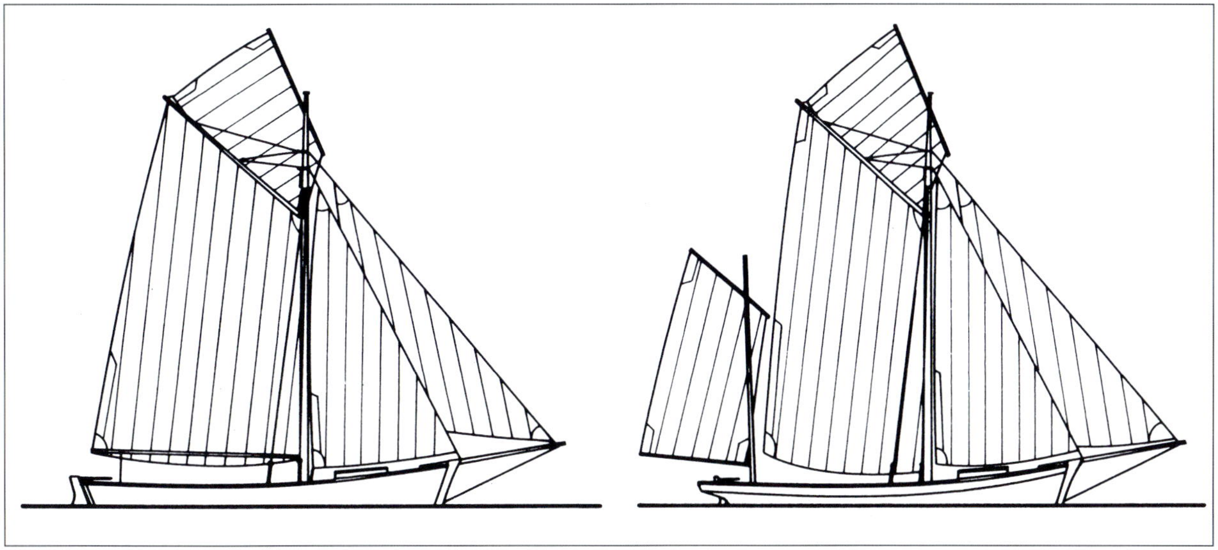

Die beiden Formen der Takelung: Slup (links) und Ketsch

planken, die als Laufgang dienten. Die Boote besaßen einen durchfluteten Fischkasten (*Bünn, Peik, Däken*), in dem der Fang bis zur Abgabe lebend gehalten werden konnte. Um eine Wasserzirkulation zu ermöglichen, waren die Plankengänge im Bereich des Fischraumes am Unterwasserschiff durchbohrt. Zuerst war die Bünn achtern und wurde, als man später schwere Motoren einbaute, weiter nach vorn, oft beiderseits neben den Schwertkasten, gesetzt.

Hinter einem starken Querbalken, der *Achterducht*, an dem der Besanmast steht, folgte das Ruderloch *(Plicht)*, der Platz für den Rudergänger. Das Ruderholz, die *Pinne*, wurde beim Spitzgattheck bis außenbords zum eingehängten Ruder geführt, beim Rundgattheck durch ein Rohr, den *Koker*.

Die Ketsch pommerscher Bauart war mit einem want- und staggestützten Großmast sowie einem kürzeren, freistehenden Besanmast *(Bullmast)* getakelt. Der Großmast war etwas nach vorn geneigt und oben zusätzlich leicht nach vorn gebogen. Der Klüverbaum an Backbord war ein zum Deck hin abgeflachtes Rundholz. Der eiserne Leuwagen vor dem Großmast reichte bis an die Laufplanken heran.

Want: Drahtseil, das den Mast seitlich abspannt
Stag: Drahtseil, das den Mast bzw. Klüverbaum gegen den Schiffsrumpf in Längsrichtung abspannt
Rack: feste oder fierbare/bewegliche Halterung, mit der die Rah am Mast befestigt ist
Besanmast: der hintere, beim Zeesboot unverstagte Mast, der das Besansegel oder den »Bullen« trägt. Auf Zeesbooten deshalb auch als Bullmast bezeichnet

Das Rigg der pommerschen Ketsch bestand aus fünf Segeln: dem *Großsegel*, einem baumlosen Gaffelsegel, dem *Besansegel*, einem festen Luggersegel zwischen zwei Rundhölzern, den jeweils dreikantigen Vorsegeln *Fock* und *Klüver* und schließlich dem *Toppsegel*, einem vierkantigen Schratsegel an einer schräg gestellten Rah. Die Großschot als wichtigste Segelleine führte durch zwei Blöcke, deren unterer auf dem hinteren Leuwagen über die Achterducht gleitete.

Zusätzlich zum vorderen Klüverbaum konnte ein kurzer Achterbaum gefahren werden. Die charakteristischen, zur Zeesenfischerei notwendigen großen Spreizbäume *(Drift- oder Tuckbäume)*, von den Fischern wegen ihrer Handhabung auch *de Utschüwer* genannt, wurden als zusätzliche Ausleger mit dem Klüver- und Achterbaum kombiniert, und in der Regel erst am Fangplatz durch einen doppelten Beschlag *(Brille)* ausgeschoben.

Auf dem Vordeck einer Ketsch, vor der Kajüte, befand sich das hölzerne Spakenspill für Ketten oder Tauwerk, welches als Ankerspill diente. Der *Stockanker* oder ein stockloser *Draggen* wurden an Backbord in Höhe des Schandeckel außenbords gefahren. Der Motor stand im hinteren Arbeitsraum oder in der Plicht.

Nach Quellen der Fischereistatistik hatten die vorpommerschen Boote Ende des 19. Jahrhunderts folgende Hauptabmessungen:

Zeesboot *Minna* in Dänemark
Das 1872 in Stralsund gebaute pommersche Zeesboot *Minna* gelangte durch deutsche Auswanderer nach Dänemark und wurde 1938 von dem bekannten dänischen Bootsbaumeister und Konservator Christian Nielsen aufgemessen und gezeichnet. Es zeigt den Prototyp der pommerschen Rundgatt-Boote des ausgehenden 19. Jahrhunderts. Die Zeichnungen vom Enkel des Bootsbauers von der Insel Fejø, wurden in zahlreichen Publikationen immer wieder dargestellt. Auch beim Nachbau des Stralsunder Museumsschiffes konnte auf diese Baupläne zurückgegriffen werden.

Hauptabmessungen der vorpommerschen Boote

Länge über alles	10,00 – 12,50 m
Länge in der Bodenplanke	7,50 – 9,70 m
Breite über alles	2,80 – 3,45 m
Tiefgang	0,95 – 1,20 m
Klüverbaum	3,00 – 5,50 m
Achterbaum	3,25 – 5,35 m
Driftbaum vorn	6,40 – 8,45 m
Driftbaum achtern	6,50 – 8,45 m
Großmast	10,00 – 11,00 m
Besanmast	6,00 – 7,00 m
Segelfläche	70,00 – 110,00 m^2

Auf dem Saaler Bodden und im Wismarer Raum waren die Zeesboote früher in der Regel als Slup, also einmastig getakelt, bevor später auch hier zweimastige Ketschen gebaut wurden. Die Mecklenburger Boote waren kleiner und ausschließlich in Spitzgatt- und Klinkerbauweise hergestellt. In der Bauweise gab es geringe Unterschiede zwischen dem Ribnitzer und dem Wismarer Revier.

Vorschiff: auch Vordeck, der Decksbereich vor dem Mast
Fall: Tau, mit dem ein Segel gesetzt und gebogen wird
Schot: Tau, durch das die Stellung eines Segels zum Wind reguliert werden kann
Leuwagen: Bügel aus Rundstahl, auf dem die unteren Blöcke der Vor- bzw. Großschot gleiten

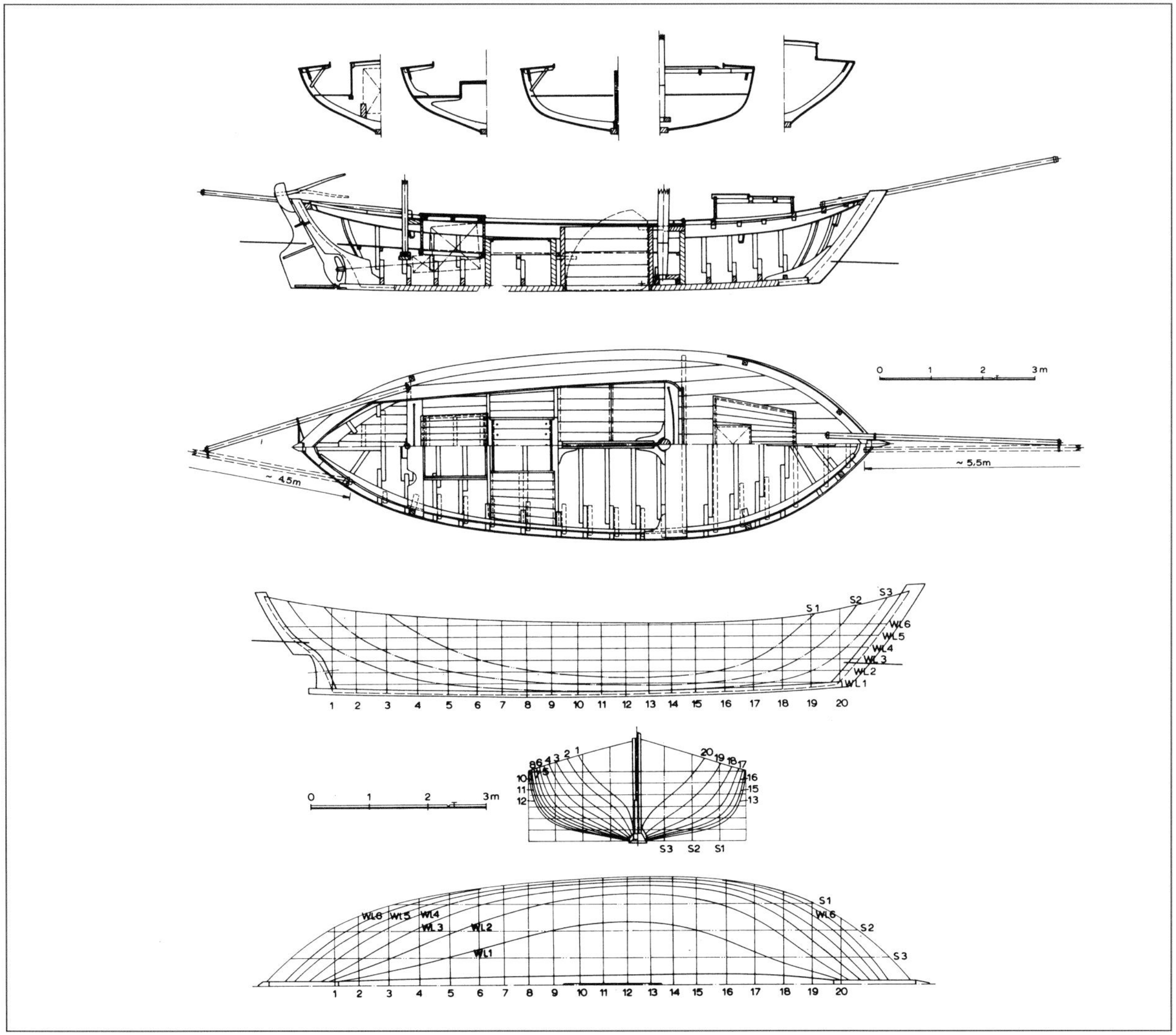

Bauplan und Linienriss eines Spitzgatt-Zeesbootes

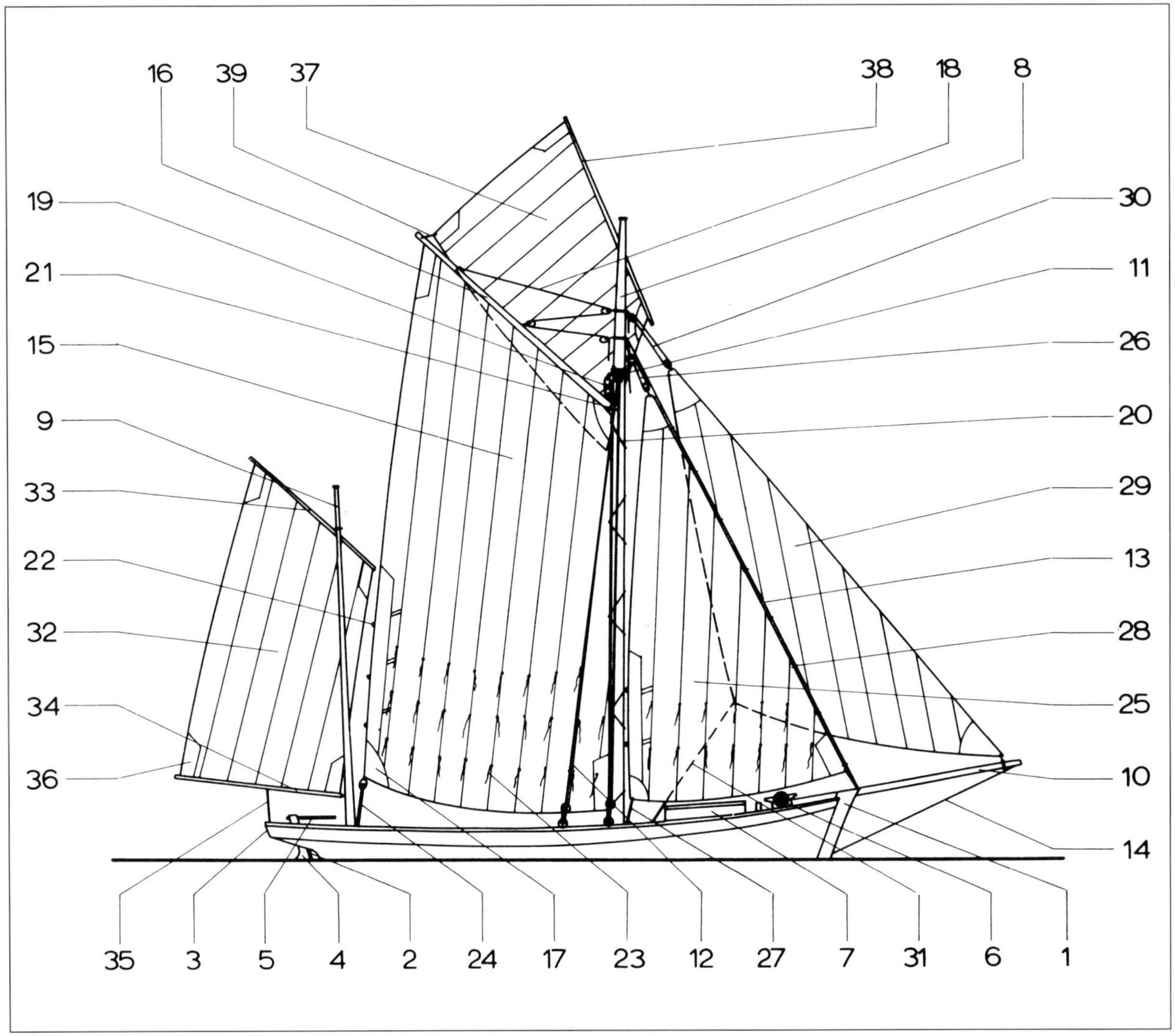

16
39
37
38
18
8
19
30
21
11
15
26
9
20
33
29
22
13
32
28
34
25
36
10
14
35
3
5
4
2
24
17
23
12
27
7
31
6
1

Regionale Eigenarten der Zeesboote des Wismarer Raumes hat GRAHLMANN benannt. Ein besonderes Merkmal war der erste Plankengang *(Sandgang)*, der senkrecht auf einer Bodenplanke stand. In der Regel wurden zwölf Gänge angesetzt. Sie waren relativ breit und füllig. Alle Boote hatten ein umlaufendes, 15 cm hohes, abgedecktes Schanzkleid. Der durchflutete Fischkasten wurde als *Quatsch* bezeichnet. Auf einen Kajütaufbau wurde verzichtet und dafür auf dem kurz eingedeckten Vorschiff eine flache Kapp eingesetzt. Diese ersetzte das Vorünner, das nur selten als Unterkunft, sondern meist als Stauraum für Ausrüstung und Segel diente. Der Bootskörper wurde ziemlich einheitlich grün oder graugrün bemalt. Das Schanzkleid und die Poller waren immer weiß.

Seite 54: Plan eines als Ketsch getakelten Zeesbootes mit Rundgattheck

Bootskörper: *1 Vorsteven, 2 Achtersteven, 3 Rundgattheck, 4 Ruder, 5 Ruderpinne, 6 Spill, 7 Vorünnerkappe*
Takelage: *8 Großmast, 9 Besanmast/Bullmast, 10 Klüverbaum, 11 Mastbacken am Großmast, 12 Wanten mit Jungfern und Taljereeps, 13 Vorstag, 14 Wasserstag, 15 Großsegel, 16 Gaffel, 17 Schothorn, 18 Piekfall, 19 Klaufall, 20 Reihleine, 21 Klau oder Rack, 22 Lögel am Achterliek, 23 Reffbändsel, 24 Großschot, 25 Focksegel, 26 Fockfall, 27 Fockschot, 28 Stagreiter oder Gattchen, 29 Klüversegel, 30 Klüverfall, 31 Klüverschot, 32 Besansegel/Bullsegel, 33 Besanrah, 34 Besanbaum, 35 Besanschot, 36 Doplink, 37 Gaffeltoppsegel, 38 Toppsegelrah, 39 Toppsegelschot*
Nicht dargestellt: *Halstalje des Großsegels, Ausholer des Klüverbaumes, Besanfall und -niederholer mit Lögel/Ring, Toppsegelfall auf Backbordseite*

Im Gegensatz zu den pommerschen Booten stand der Großmast verhältnismäßig weit vorne und war als Klappmast konstruiert. Waren die Fahrzeuge als Ketsch getakelt, fand der zweite Mast seinen Platz hinter dem Ruderloch in einem Spurklotz auf dem Stevenknie. Der Besanmast wurde nur während der Drift als zusätzlicher Treiber *(Driewer)* benutzt. Er musste beim Aufkreuzen herausgenommen werden. Zur Drift konnte auch der Klüverbaum genutzt werden. Vor- und Achterbaum wurden als Driftbäume über Steuerbord ausgeschoben, da das Netz im Gegensatz zu den preußischen Booten über Backbord gezogen wurde. Der Leuwagen lief über die ganze Bootsbreite bis an die Bordwände heran. Der Segelbalken diente als Nagelbank, die Belegnägel zeigten in Wismar nach unten.

Die Slup war in der Regel mit drei Segeln ausgerüstet. Das Toppsegel wurde, wie auch die Fock, immer über Steuerbord gefahren, Piek- und Klaufall wurden an Backbord belegt. Auf dem Saaler Bodden war das Großsegel auch an einen Giekbaum angeschlagen.

Die Mecklenburger Boote hatten nur kurze Anreisen zu den Fangplätzen. Gute Segeleigenschaften

Das Vorünner
»Vor dem Mast ist das Vorünner, wo man durch zwei kleine Schotten und Zurückschieben der Kapp hineinkriecht. An Backbord ist die Koje des Schiffers, an Steuerbord die vom Fischereigehilfen. An beiden Kojen ist je eine Sitzbank. Beim Einstieg gleich links steht ein kleiner eiserner Ofen zum Kochen, während auf der anderen Seite das Proviantspind untergebracht ist.«
(Bruno Kaiser, 1972)

und Unterkünfte spielten an Bord nur eine untergeordnete Rolle, weil auch die Liegeplätze immer schnell zu erreichen waren.

Hauptabmessungen der Boote aus dem Wismarer Revier:

Länge	9.00 – 9.70 m
Breite	2.85 – 3.35 m
Tiefgang	0.55 – 1.00 m
Segelfläche	49.00 – 75.00 m^2

Gelegentlich wurden auch kleinere Fahrzeuge gebaut.

Museumsexponate

Ein pommersches Zeesboot, das um 1970 in Stralsund gebaut wurde, steht als Nachbau des Althäger Bootes AR-1 im »Nautineum« des Stralsunder Meeresmuseums auf dem Dähnholm am Rügendamm. Im Freigelände des Darß-Museums in Prerow wird ein restauriertes Boot aus dem Stralsunder Raum gezeigt, das später auf dem Saaler Bodden als Zeesboot Verwendung fand. Das Deutsche Schiffahrtsmuseum in Bremerhaven präsentiert vom ehemaligen Zeesboot SAP-001 aus Schaprode das Achterschiff mit dem Original-Motor und dem Ruderhaus, wie es zuletzt als Reusenboot im Einsatz war.

Schiffbautraditionen

»Dieser Begriff ist von dem Begriff Schiffstyp streng zu unterscheiden. Unter Schiffbautradition versteht man die von einer Generation zur anderen weitergegebenen Konstruktionsmuster und Fertigkeiten im Schiffbau, die man erkennen kann an den unterschiedlichen Weisen der Zusammenfügung von Planken und Spanten, in der Zuformung der Schiffsteile usw.
Es gibt Schiffbautraditionen, die relativ einheitlich über weite Räume reichen, wo auf einer gemeinsamen Ausgangsposition unterschiedliche regionale Weiterentwicklungen feststellbar sind. Es gibt kleinräumige Traditionen, die sich insbesondere beim Bau von Booten der Binnengewässer nahezu unvermindert über Jahrtausende hinweg gehalten haben. Und es gibt Schiffbautraditionen verschiedenen Ursprungs, die sich überlagert und gegenseitig beeinflußt haben.«
(Detlef Ellmers, 1979)

Schiffbaugeschichte

»Es ist aber faktisch unmöglich, ohne eine eingehende Kenntnis der örtlichen Schiffbaugeschichte durch die Jahrhunderte, in allen Einzelheiten eindeutig zu entscheiden, was an diesem oder jenem Bootstyp alte Baumotive und was jüngere Entwicklungsformen sind. Oft sind solche volkstümlichen Bootsformenn ein Erbe uralter Erfahrung. Aber ebenso oft veranschaulichen sie nur die jüngere Entwicklung …«
(Paul Heinsius, 1986)

Das hölzerne Spakenspill mit Pall und Handspake stand vor dem vorderen Kajütaufbau. Kette und Tauwerk liefen über einen einfachen Spillkopf.

Das Zeesboot »Conni« (FZ-80), ein HOLZERLAND*-Bau mit Rundgatheck aus dem Jahre 1893, zeigt noch weitgehend den authentischen Zustand vorpommerscher Boote jener Zeit.*

1928 wurde bei HOLZERLAND *in Barth die »Krischan« (FZ-37) mit einem Spitzgattheck gebaut. 1982 ausgemustert, avancierte sie nach umfangreicher Restaurierung unter Joachim Tamm zu einem besonders erfolgreichen Regattaboot.*

Das Sonntagsfoto von Hans Schriewer mit Familie und Badegästen an Bord seines Bootes entstand in den ersten Jahren des 20. Jahrhunderts. Es ist die bislang älteste Aufnahme eines Zeesbootes auf dem Salzhaff. Das Toppsegel wird auf der Steuerbordseite gefahren. Der weiße Streifen um die Relingsleiste ist noch heute bei Wismarer Fischkuttern üblich.

Seite 61: *Das Mecklenburger Zeesboot des Fischers Jarchow, Ende der 50erJahre am Liegeplatz vor Rerik, war als Slup getakelt. Es wurde 1949 dort gebaut und segelt heute unter dem Namen »Condor«.*

Am Rumpf des um 1896 in Stralsund gebauten Zeesbootes »Un Ick« (FZ-73) haben die Zeiten ihre Spuren hinterlassen.

Mit Tradition und Augenmaß – der Bootsbau

In der Regel bauten sich die Fischer ihre Boote nicht selbst. Der Bau erfolgte auf städtischen Bootsbauplätzen und kleinen Werften oder auch durch Handwerker in den Dörfern. In der Mitte des letzten Jahrhunderts wurden die letzten neuen Boote für die Fischerei gefertigt.

Zeesboote wurden auf einer liegenden Bodenplanke in Schalenbauweise errichtet. Das bedeutet, genau wie bei den Kleinbooten wurden zuerst die Außenplanken gezimmert und dann die Spanten gesetzt. Um 1870 änderte sich die Methode. In den Werften ging man immer häufiger zur Gerüstbauweise über. Es wurden zuerst Bodenplanke, Stevenbalken, Spanten und Decksbalken gestellt und danach auf das Gerüst meist in Kraweelbauweise die Planken gesetzt. Meister Jarling in Freest übernahm die Gerüstbauweise erst im Jahre 1929.

Eine Serienfertigung, wie später bei den Fischkuttern, hat es nicht gegeben. Alle Schiffe waren Unikate, unverwechselbare Originale guter Handwerkskunst nach alter Tradition. Die Bootsbauer ließen sich von Erfahrung und Augenmaß leiten. »Bugt worden is, nah Snuut und Muul«, sagte man früher den Schiffen nach, die ohne Zeichnungen und Linienrisse entstanden. Von den Auftraggebern, dem Bootsbauer oder beim späteren Umbau durch die verschiedenen Besitzer floss immer etwas Besonderes in das Boot ein. Als Vorbild neuer Fahrzeuge konnten auch die Spanten dienen, die beim Abwracken alter Boote nicht in den Ofen gingen. Bei den Neu- und Nachbauten machen es heute die Meister kaum anders. So sind in mancher Zeesboot-Yacht häufig einige Bauelemente des Vorgängers, oft im Rumpf versteckt, erhalten geblieben.

Vom Bau eines Zeesbootes in der traditionellen Schalenbauweise berichtete der Fischer Hermann Grählert. Noch bevor Jarling in Freest zur Kraweelbauweise überging, ließ sich 1927 Grählerts Vater Paul, damals 27 Jahre alt, eine Ketsch in Spitzgattform auf der Wiese im Hafen von Pruchten zimmern:

Zwei Bootsbauer begannen die Arbeit mit dem Legen der Bodenplanke, die an den Enden auf das Maß der Steven verjüngt wurde. Auf diese Bohle wurden die ausgesägten Balkensteven gestellt und

Bauzeichnungen
In der Fachliteratur sind gute Zeichnungen bei von Fircks (1982), Koy (1990) und Rudolph (1961 und 1969) veröffentlicht. Bauzeichnungen existieren weiterhin von der »Sunddriewer« (FZ-42) und der »Olle« (FZ-54).

Im Rahmen einer ABM-Maßnahme und mit Hilfe der Bootswerft PIPIN *wurde die »Un Ick« – benannt nach einer Romanfigur von John Brinckman – in Rostock neu aufgebaut. Sie gehört dem Schifffahrtsmuseum Rostock und segelt heute in einem Förderprogramm für Jugendliche.*

als Spantmodelle die *Mallen* genagelt. Nachdem in der Sohle und den Steven die Sponung ausgehauen war, wurden die Kielgänge eingepasst und darauf von unten beginnend je fünf Eichenplanken angebracht. Jetzt wurde die Arbeit unterbrochen, um das Holz austrocknen zu lassen. Die kraweele Außenbeplankung musste danach wieder entfernt und neu angepasst werden. Nach dem Wechsel der Mallen gegen die Originalspanten wurden die Längs- und Querverbände eingefügt, dem der weitere Ausbau folgte. Der Bau des Rumpfes war mit der Verlegung der Decks- und Laufplanken aus Fichte beendet. Mit einem Ruderhaus versehen ist dieses Schiff unter dem Namen »Paula« (PRU-7) immer noch im Fischereibetrieb. Fischer Horst Grählert nimmt mit diesem Boot seit 2006 auch wieder an den neuen Driften auf dem Saaler Bodden teil.

Masten, Rundhölzer und die Driftbäume fertigten die Fischer meist selbst. In Fuhlendorf soll 1882 erstmals auch ein Boot mit Klappmasten gebaut worden sein. Auch die Segel wurden häufig selbst genäht. Bei allen Segeln, für die zuerst Leinen und dann später Baumwolle Verwendung fanden, liefen die Tuchbahnen von oben nach unten und waren mit Tauwerk, manchmal auch am Vor- und Achterliek mit Ketten eingefasst. Anschließend wurden sie unter Verwendung bestimmter Rezepturen konserviert und eingefärbt. Für den Klüver und das Toppsegel wurde feineres und leichteres Material verwendet. Die Sportsegler lassen heute ihre Besegelung aus synthetischem Tuch in unterschiedlichen Qualitäten vom Segelmacher nähen und verwenden immer öfter auch weiße, ungefärbte Segel. Der Verlauf der Tuchbahnen hat sich heute ebenfalls geändert.

Bekannte Bootswerften waren die von Carl (1847 – 1918) und Hans Dornquast (1891–1960) in Fuhlendorf, Johannes Holzerland (1817–1900)

Auf dem Bauplatz der Barther HOLZERLAND-Werft in Wieck auf dem Darß liegen Anfang des 20. Jahrhunderts auf der Slip zwei pommersche Zeesboote zur Überholung. Der rechte Auflieger ist ein geklinkertes Fahrzeug mit Rundgattheck.

Zeesboote für Ungarn?
»Auf der Schiffswerft von C. Holzerland wird augenblicklich ein Fischerboot von der Größe und Form der hier und auf Hiddensee gebräuchlichen für ungarische Rechnung gebaut – das per Bahn nach Siofok in Ungarn verladen, von wo es auf dem Plattensee zum Betriebe der Fischerei benutzt werden soll.«
(BARTHER TAGEBLATT, 17.9.1899)

Bootsnamen
»Die gab es. Die heutige ›Nordstern‹ zum Beispiel hatte schon viele Namen. Wenn Erich Grählert ein neues Mädchen hatte, eine neue Freundin, dann bekam das Boot einen neuen Namen, dann hieß das Boot anders.«
(Hermann Grählert aus Pruchten)

Bootsbauhandwerk
»Der Bootsbau ist ein Handwerkszweig, bei dem man innerhalb unterschiedlicher Bootsbautraditionen besonders gut verfolgen kann, wie einerseits bestimmte konstruktive Lösungen oft über Jahrtausende beibehalten wurden, andererseits aber im Großen wie im Kleinen eine über Jahrtausende fortgesetzte Optimierung von Handwerkserfahrung stattfindet.«
(Detlef Ellmers, Vor- und frühgeschichtlicher Boots- und Schiffbau in Europa nördlich der Alpen, Göttingen 1983)

Ribnitzer Zeesenfischer in den 30er Jahren mit einem als Slup getakelten Boot auf dem Saaler Bodden

Bootsanstrich
»In meiner Zeit wurden alle neuen Boote mit Firnis und Lack gestrichen. Wenn sie das ganze Jahr damit im Greifswalder Bodden segelten, so zwei drei Jahre hintereinander, dann wurde das Schiff grau. Dann war es nicht mehr gelb. Dann haben wir gelben Teer genommen. Dann sind wir ein bis zwei Jahre »schwarz« gefahren. Und dann war es auch meistens wieder die Zeit zum neuen Kalfatern. Mit dem Schaber wurde der gelbe Teer abgezogen und das Schiff war jetzt wieder goldgelb. Nur ältere Boote, die nicht mehr blank wurden, wurden mit einem Pinsel gemalt ...«

in Barth und Christian Jarling (1871–1958) in Freest. Die meisten Zeesboote sind auf den Werften von JARLING und DORNQUAST gebaut worden. Viele Fahrzeuge für die Zeesenfischerei im Wismarer Raum wurden von Schabbelt in Kirchdorf auf der Insel Poel und auch in Stove vom Stellmacher Lange gebaut.

Bootsbauer, die heute Zeesboote restaurieren oder nach alten Vorbildern neu auflegen, sind vor allem folgende Betriebe: seit 1990 die Werft RAMMIN in Barth, seit 1995 die Firma Yacht- und Bootsbau WEIß in Bartelshagen II, seit 1977 die Bootswerft THOMZIK in Stralsund vormals Dinse-Werft, seit 1992 die Bootswerft LORENZ in Middelhagen/Rügen und seit 1995 die Bootsbauerei NAGEL in Zecherin/Usedom. Alte Arbeitsboote werden auch in Ahrenshoop durch den Bootsbauer Jens Lochmann restauriert.

Braune Segel – die Farben der Fischer

Die funktionelle Schönheit alter Boote findet ihren Ausdruck auch in der Farbe ihrer Segel. Manche haben die Zeiten überdauert, und noch leben einige Fischer unter uns, die ihr Wissen und ihre Erfahrung vom Konservieren und Färben der Segel übermitteln können.

Bevor auf Segelschiffen Kunstfasertuche in Gebrauch kamen, musste die Naturfasern wirksam gegen Nässe, Fäulnis, Schimmel und Stockflecken geschützt werden. Eine bewährte Konservierungsmethode für Segel und Netze, über die bereits aus dem 17. Jahrhundert berichtet wird, war das Lohen oder Taanen. Dieses beruht auf dem gleichen Prinzip, wie es früher beim Gerben von Häuten, beim »lohgaren Leder«, üblich war.

Grundlage des Verfahrens waren bestimmte Gerbstoffe, stickstoffreiche, im Wasser gut lösliche Phenolverbindungen. Beim Zusammentreffen mit Eiweißkörpern verwandeln sie sich in feste Verbindungen mit fäulnishemmender Wirkung. Seit alter Zeit bestand allgemein in Nordwesteuropa das Mischungsverhältnis für eine Lohe aus einem Volumenteil Rinde zu einem Teil Wasser.

Noch sind die Netztrockenplätze mit den Holzgestellen, die es überall in den Fischerdörfern der Küste gab, in guter Erinnerung. Auf diesen Plätzen oder in einem Gebäude nahe dabei standen meist große Kessel oder offene Eisenfässer, die in der Regel mehrere Fischer gemeinschaftlich zum Kochen der Brühe nutzten.

Die Netze wurden für eine bestimmte Zeit in die Lohe gelegt, die in der Grundsubstanz aus Eichenrinde und später aus dem schwarz- bis bernsteinfarbenen Katechu, einem Produkt aus dem Holz der indischen Akazie, bestand, bevor immer mehr industriell hergestellte Mischungen zur Anwendung kamen.

Zur Behandlung der Segel fügte man der Lohe verschiedene tierische und vegetarische Fette, wie Tran, Fisch- oder Leinöl, Talg, ranzige Butter oder Pferdefett bei. Die gewünschte braune Farbe der Segel wurde durch eine weitere Zugabe von Farbstoffen erreicht. »In manchen Gegenden verwendete

Katechu
Katechu ist ein stark gerbstoffhaltiger Auszug vom Holz der indischen Akazie, der in Blockform importiert wurde. Die Blöcke löste man in heißem Wasser auf, um ihn dann, gegebenenfalls noch mit Fett vermischt, auf das Segel zu streichen.

man nur Ockerpulver in den Farben rot oder braun. In heißem Wasser aufgelöst und mit Holzteer und Leinöl versetzt, ergab es einen schönen rostroten oder rotbraunen Farbton. Der Lohe wurden auch Farben beigemischt, wie das sogenannte Haffkrugbraun oder Finkenwerderbraun. Solche erdenen Farben schützten die Fasern zusätzlich gegen die Wirkung der UV-Strahlen und hatten bei locker gewebten Tuchen auch noch einen Fülleffekt«, schreibt Ostermann.

Rezepturen zum Konservieren der Segel gab es viele und die Fischer erinnern sich ungern an diese wenig geschätzte Arbeit.

Fischer Hans Dade berichtet von der Herstellung der Lohe und vom Arbeitsablauf bei den Althäger Fischern: Fünf bis sechs Fischer taten sich zusammen und erhitzten etwa 50 Liter Boddenwasser in einem halben Ölfass. Als Farbstoff wurde Katechu in Würfelform unter ständigem Rühren zugegeben. Hinzu kamen noch etwa 20 Päckchen Magarine oder Rindertalg und, damit die Segel nicht so stark abfärbten, ein Schuss Blausäure. Ockerfarbe wurde hier nur ungern genommen, weil sie stark abfärbte. Dagegen verwendete man gern Haffkrugbraun oder Mangrovenrinde. Dade berichtet, dass die Segel auch mit Eichenrinde geloht wurden. Im Darßwald, bei den »Drei Eichen«, wurde die Rinde geerntet. Die Segel mussten in der Regel alle zwei Jahre doppelseitig mit dem Konservierungsmittel eingestrichen werden.

»Das alles war harte Arbeit gewesen, vom Sonnenaufgang bis zum Einbruch der Dunkelheit,« schreibt der Barther Fischer Werner Alwardt in seinen Erinnerungen. »Mittags eine kurze Pause zum Essen und nachmittags brachte Muttern Kaffee und selbstgebackenen Kuchen zur Werft.«

Die Vielzahl der vorliegenden Rezepte ist sicher neben der praktischen Erfahrung der Fischer auch den jeweils verfügbaren Substanzen, den regionalen Handelsprodukten und der Tradition geschuldet. Jeder Fischer schwor auf seine Rezeptur. Die Fischländer lehnten zum Beispiel das anschließende Ausbürsten der Segel mit Salzwasser zum Fixieren der Lohe ab. Anderswo im Boddenrevier hingegen wurde zu diesem Zwecke extra noch salzige Heringslake zugesetzt. Auch bei der Verwendung von Schweineschmalz war man nicht überall der gleichen Meinung.

Bei regelmäßiger Pflege sollen die Segel immerhin 15 bis 20 Jahre gehalten haben. Ekkehard Rammin besaß ein handgenähtes Baumwollsegel, das schon über 60 Jahre in Gebrauch war und nur einmal geloht worden sein soll.

Farbenspiele bei der Regatta in Wustrow

Seite 70: *Selbst eingefärbt und wieder ausgeblichen*

Seite 71: *Variationen in braun und weiß. Früher wurden die Tuchbahnen von oben nach unten zusammengenäht.*

FZ

FZ 84

Diebstahl
In der Nacht vom 5. auf den 6. Januar 1949 wurde in Ribnitz dem Fischer Ernst Schröder ein Toppsegel, ein Besansegel und ein Segelbezug von seinem Zeesboot gestohlen.

Auch die neuen Zeesbootsegler haben sich früher mit mehr oder weniger Erfolg bemüht, die weißen Kunstfasersegel mit verschiedenen Farbmischungen in die traditionellen Brauntöne umzufärben oder vom Fischer übernommene alte Baumwollsegel wieder zu konservieren. Heute sind Baumwollsegel kaum noch in Gebrauch, denn moderne Segel sind pflegeleichter. Nur die Niederländer und die Dänen verwenden sie traditionell noch auf ihren historischen Bottern und Drivkvasern.

Bei den roten oder braunen Segeln der heutigen Zeesener handelt es sich meist um farbiges Duradon, ein Polyestergewebe mit glatter Oberfläche, das gegenüber den alten Segeln auch eine geringere Windreibung erzeugt und die Boote damit schneller macht. Wünscht der Eigner bunte Segel ohne Glanz im alten Baumwoll Look, dann kann er ein Polyestergewebe ordern, in das keine Harze eingearbeitet wurden. Immer öfter werden auf den Booten auch weiße Segel gefahren – was ihrer Schönheit keinen Abbruch tut.

Rezeptur aus Pruchten:
»Wir nahmen braunen Ocker mit Schweinefett und Maschinenöl. Dazu nur einen kleinen Schuss Teer. Das wurde alles im großen Bottich ordentlich mit heißem Wasser aufgerührt. Da, wo sonst die Aale drin sortiert wurden. Danach wurden die Segel auf die Wiese gelegt und die Masse mit einem Haarbesen auf beiden Seiten ordentlich aufgeschrubbt. Feucht, bis alles richtig matschig war. Dann wurden die Segel auf der Wiese eine gute Stunde zusammengelegt. Zum Trocknen wurden sie nachher wieder auseinandergerollt. Die haben dann in den ersten Wochen noch lange abgefärbt.«
(Hermann Grählert)

Auf der »Ellen« von Georg Grahlmann waren sie noch lange in Gebrauch. Nun wird auf keinem Boot mehr ein voller Satz der alten Baumwollsegel gefahren.

Das Fanggerät – die Treibzeese

Zeesen
»Die Flügelzeesen sind meist mit der Hand und gewöhnlich von den Fischern selbst gemacht. ... Die Tuckzeesen werden teils mit der Hand, teils fabrikmäßig hergestellt.
... Geteert werden die engen Tucken im Sommer wegen des Aalfanges, ebenso wie die Flügelzeeen, alle 14 Tage, in der kühleren Jahreszeit dagegen sehr selten, weil die Netze zum Plötzenfange sehr weich sein müssen«
(Aus: Schiemenz)

Im System der Fangmethoden ordnet die Fischereiwissenschaft die Treibzeesenfischerei dem weiten Feld der Schleppnetzfischerei zu. Im Gegensatz zu den stehenden Geräten der *passiven Fischerei* werden die Zeesen als einfache Formen der Grundschleppnetze zu den *bewegten Fanggeräten* der aktiven Fischerei gezählt. Die Funktion eines Grundschleppnetzes ist erfüllt, wenn ein möglichst weit geöffneter Netzsack über den Grund gleitet. Für die Treibzeesenfischerei wird die Netzöffnung bei einem quer zur Zugrichtung segelnden Schiff vergrößert, indem die Schleppleinen über die Spitzen von Spreizbäumen geführt werden. Durch Netzflügel oder Scheuchmittel an den Zugleinen kann die Fängigkeit des Sackes zusätzlich verbessert werden.

In der Fischereiordnung von 1865 werden *Fischerzeuge* genannt, »die aus einem Sacke mit Flügeln (Aalzeesen) oder statt deren zwei mit Stroh oder Spänen besteckten Leinen (Fischzeesen) bestehen ...« Ausführliche Angaben zu den Typen lieferte später Schiemenz, der zwischen *Flügel-* und *Tuckzeesen* unterscheidet und auf weitere regionale Formen verweist. In den letzten Jahren der Zeesenfischerei gab es keine konstruktiven Veränderungen mehr. Es fanden lediglich neue Materialien, wie synthetische Fasern für Netze und Leinen, und neue Imprägnierungsmittel Verwendung.

Die älteste Netzform der Zeesenfischerei ist die *Flügelzeese*, die schon auf den Zeeskähnen benutzt wurde und auch später im Verbreitungsgebiet der Zeesboote der Prototyp war. Da die Flügel im Gegensatz zu den optisch wirksamen Scheuchleinen der *Tuckzeese* auch im Dunkeln wirken, war mit ihr eine effektivere Nachtfischerei auf den begehrten Aal möglich. Deswegen wurde sie als *Aalzeese* bezeichnet. Die weitmaschigen Flügelzeesen der Herbst-

Zeese aus synthetischem Netzmaterial von Karl-Heinz Kafka aus Born. Die Fischer beobachteten ihr Netz während der Drift, kannten die Gewässer sowie die Gewohnheiten der Fische und stellten das Fanggerät darauf ein. Durch Steine und Pappelholz, das weniger Wasser als Kork aufnahm, wurde es austariert. Steine wurden an den Flügeln und der unteren Maulöffnung mit Lederbändseln angeschlagen.

Hafenidylle in Bodstedt, 1958. Auf dem Boot von Max Flemming eine vereiste Zeese

Seite 76: *Früher war es üblich, die Zeesen nach jedem Einsatz über einem Knüppel im Großmast zum Trocknen vorzuheißen.*

Die obige Zeichnung von Fischmeister Paul Gnewusch zeigt, dass auf dem Stettiner Haff auch mit Zeeskähnen quer vor dem Wind gefischt wurde. Gnewusch behauptet, dass diese Art der pelagischen (also im freien Wasser betriebenen) Fischerei wesentlich älter ist als das dänische Larsen-Netz, das bisher als frühestes Schleppnetz für diese Fangmethode galt. (Aus: MESCHKAT)

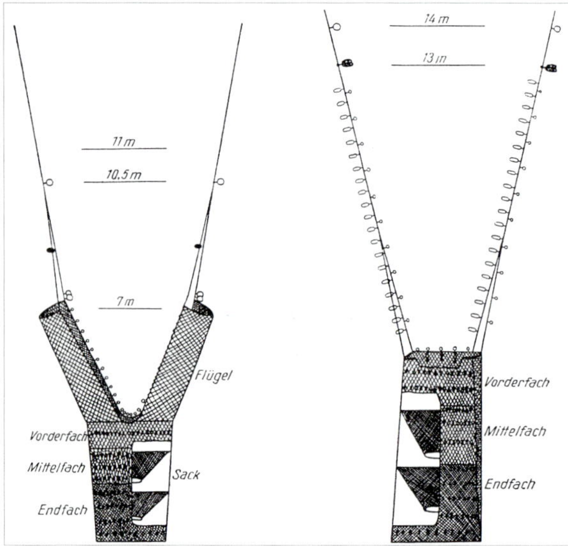

Flügel- und Tuckzeese, um 1895 (nach SCHIEMENZ)

und Winterfischerei nannte man *Fisch-* bzw. *Zanderzeesen.* Aal- und Fischzeesen unterschieden sich im Wesentlichen nur durch die Maschenweiten. Die *Dachzeese*, deren Oberblatt dachartig über das Grundtau hinaus verlängert war, stellt die modernste Form der Flügelzeesen dar. Im Wismarer Raum wurde zu allen Zeiten nur mit Flügelzeesen gefischt.

Die Tuckzeese besitzt keine Flügel. An deren Stelle sind hier die bereits erwähnten Scheuchleinen mit Holzbrettchen und Strohwischen angebracht. Deshalb – sowie wegen der längeren Zugleinen und der größeren Öffnung – wurde sie auch *Große Zeese, Klapperzeese* oder nur *Tucke* genannt. Sie kam etwa 1870 mit Stettiner Handelsquazen aus dem Oderhaff an den Sund und war vorwiegend in den rügischen Gewässern, vor allem aber im Greifswalder Bodden im Einsatz. Der Name verweist auf ihre Herkunft von den *Tuckerkähnen* und *Polten,* die sie im Gespann über Grund schleppten. Im Gegensatz zu den Flügelzeesen war sie nicht nur auf Krautstellen, sondern recht universal einsetzbar.

Über die Befischung auch höherer Wasserschichten mit einer Tuckzeese auf dem Stettiner Haff nach der Fangmethode quer vor dem Wind berichtete der Fischmeister Paul Gnewusch. Die Tiefeneinstellung im freien Wasser erfolgte durch Einstellung der Schleppleinen und Veränderungen an Schwimmern und Gewichten. Sein Bericht wird gern als erster Beleg für den Beginn der pelagischen Schleppnetzfischerei im 19. Jahrhundert herangezogen.

Als *Vierkantzeese* wurde eine Tuckzeese bezeichnet, deren Hauptmerkmal die gleiche Länge von Ober- und Unterblatt ist. Durch die Einführung der Tucke im Stralsunder Revier und ihr Zusammentreffen mit der Flügelzeese erfuhren beide Netze starke Veränderungen.

Wie bereits erwähnt, wurde mit den *Zeißen (Zeeßen)* aus der Wismarer Region nicht vor dem Wind quer gedriftet. Die Wismarer Zeißen waren Geräte für die Tuckerfischerei mit zwei Booten im Gespann.

Charakteristik der Flügelzeese

Ursprünglich nur engmaschiges Netz mit Flügeln und kurzen Zugleinen (ca. 23 m)

Ursprünglich 1 Kehle, später auch mit 2 Kehlen

Sackhöffnung meist ohne Seitenhölzer. Flotthölzer in mehreren Reihen am Oberblatt geben der Herddecke Auftrieb.

Ohne Spillhölzer. Das Grundtau ist mit Steinen beschwert.

Geht flach über Grund.

Langsame Drift

Netzöffnung ca. 7 m ohne und ca. 11 m mit Scheuchleinen

Wassertiefe ca. 4 m. Zwischenstecker erlaubten das Fischen auf einer Wassertiefe bis 20 m. Einsatz vorwiegend in der Nacht in den Sommermonaten

Entwicklung und Charakteristik der Treibzeesen

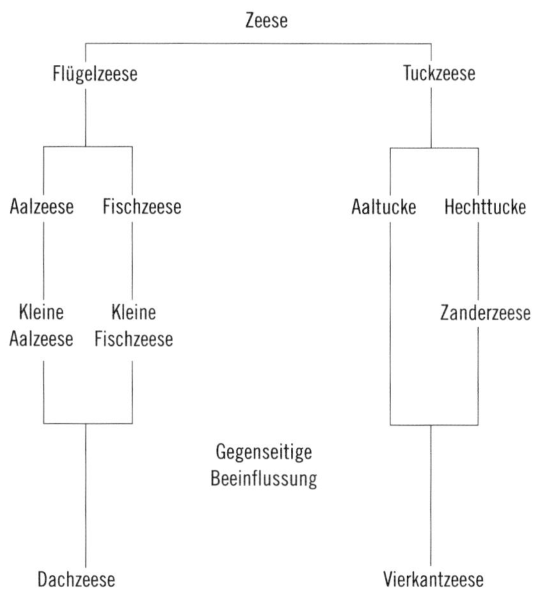

Charakteristik der Tuckzeese

Ursprünglich nur weitmaschiges Netz ohne Flügel, mit langen Zugleinen (ca. 65 m) und Scheuchleinen

2 Kehlen

Seitenhölzer halten die Sacköffnung offen.

Spillhölzer. (Brettchen) verhindern, dass sich das Vorderteil des Netzes am Grundtau einrollt.

Geht höher über Grund. Fischt auf jedem Boden.
Schnellere Drift

Netzöffnung ca. 9 – 13 m, je nach Gerätetyp

Wassertiefe bis ca. 8 m.

Einsatz vorwiegend am Tage auch außerhalb der Sommermonate als Fischzeese

In neuerer Zeit sind unter Flügelzeesen die engmaschigen Aalzeesen zu verstehen. Die Fischzeese als eine Form der Flügelzeese wurde sehr früh von der Tuckzeese abgelöst. Die engmaschigen Zeesen waren vor 1900 nur im Sommer zugelassen.

Seine ersten Driften machte der Autor 1956 auf dem Zeesboot WIE-18 mit den Fischern Willy Beuge und dessen Sohn Ulrich aus Greifswald / Wieck. Auf dem Bild steht Ulrich Beuge (1926–2000) an der Pinne.

Die Drift der Zeesenfischer

Bei der Treibzeesenfischerei liegt das Boot zum Fischen, der Drift, quer zu seiner Bewegungsrichtung am Wind. Dabei ist es möglich, durch entsprechende Segelstellungen mehr oder minder dicht am Wind zu liegen. Der Fischer kann mit entsprechenden Segelmanövern bestimmten Bodenprofilen folgen und Hindernisse umfahren oder anderen Wasserfahrzeugen ausweichen, »… denn kein Fischer darf in den Zug desjenigen fallen, der schon fischt, oder in die Zugleine desjenigen einbiegen, der seine Fischerzeuge bereits ausgeworfen hat«, heißt es 1893 in einer landesherrlichen Verordnung für Mecklenburg. In der Barther Fischerrolle von 1718 war als Strafmaß eine Tonne Bier für das Amt festgesetzt.

Auf den vorpommerschen Zeesbooten wurde das Fanggeschirr steuerbords ausgesetzt. Die Drift lief über die Backbordseite. Die Mecklenburger trieben über Steuerbord. Ob mit Vollzeug, also mit allen Segeln, oder nur mit Großsegel und Fock gezeest wurde, hing von den Windverhältnissen ab. Auch das Besansegel wurde nicht immer gesetzt. Die kleinere Slup war ja ohnehin ohne Besan getakelt.

Zum Ende des 19. Jahrhunderts wurden, je nach verwendetem Netztyp, bei günstigen Winden in einer Stunde Strecken von 1700 bis 2800 m abgefischt. Später, beim Einsatz von Netzen aus synthetischen Materialien, über die leider keine Messergebnisse vorliegen, sind diese Werte mit Sicherheit erheblich überboten worden.

Alle Aufgaben waren entsprechend der Rangordnung verteilt (vgl. S. 89). Die Arbeitsteilung begann bereits im Hafen, beim Ausrüsten und Ablegen vom Liegeplatz. Genau geregelt war das Verhalten auf der Fahrt zum Fangplatz, bei den Segelmanövern und beim eigentlichen Fangprozess, der Drift.

Vorsegel, Anker, Schwert und Lenzpumpe bediente der Vormann, in Stralsund auch *Macker* genannt. Der Schiffer bediente die Schoten des Groß- und Besansegels und steuerte das Schiff. Das Setzen des Großsegels war ein »all-hands-Manöver« und wurde von beiden gemeinsam ausgeführt. Hier bediente meist der Schipper das Klau- und der Vormann das Piekfall. Beim Kreuzen musste nur der Klüver über die Schot geschiftet werden. Die anderen Segel

Kleine Fische
»Kam der Fischmeister aus Schaprode an Bord, wurde die Pütz mit den kleinen untermaßigen Aalen in der Koje des Schiffers versteckt.«
(Bruno Kaiser)

Beim Aussetzen des Netzes auf der WIE-18 ist die Fock bereits back gesetzt.

gingen durch kluge Anordnung der Beschläge, zum Beispiel über einen Leuwagen, von alleine über. Die Zeesener beherrschten die Seemannschaft und ihre Boote in allen Situationen perfekt. Es wird erzählt, dass der Stralsunder Fischer Schimmeck über den Achtersteven segelnd in den kleinen Hafen von Schaprode einlief, weil ihm wegen der langen Driftbäume der Platz zum Aufschießen nicht ausreichte.

Beim Aussetzen und Einholen des Fanggeschirrs arbeitete der Vormann an der vorderen Driftleine, der Schipper vor den Wanten an der Achterleine. Er legte auch Kurs und Fangzeiten fest. Die Tages- und Jahreszeit, Wind- und Strömungsverhältnisse, das Ergebnis vorangegangener Driften, der Zustand des Gewässergrundes, die fiskalischen Vorschriften und nicht zuletzt die Beobachtungen der eventuell mitfischenden Konkurrenz beeinflussten seine Entscheidungen. Dabei war er im eigenen Fangrevier meist gegenüber fremden Fischern im Vorteil. Zur nautischen Orientierung dienten Landmarken, wie markante Gehöfte, Bäume, Reusenstellen und insbesondere die Kirchtürme. Als ein weiteres Hilfsmittel

Driftstrecken
»Auf dem Barther Bodden habe ich drei Driften gehabt. Die haben wir auch bei schlechtem Wetter jede Woche gemacht. Im Langendorfer Fahrwasser haben wir im Herbst von Ende September bis in den November mit der Zeese auf Blankaal gefischt.« (Hermann Grählert, ehemaliger Zeesenfischer aus Pruchten)

»Die Zeesener sind die Barone unter den Fischern. Zu ihrem Betrieb gehört viel Kapital. Dafür ist das Geschäft weniger anstrengend. Man hat viel Muße und dabei recht gute Einnahmen. Die geräumigen, heizbaren Kojen mit dem Kaffeekessel auf dem Ofen verschaffen einen behaglichen Aufenthalt, der Wasserraum hält die Fische frisch und lebend, und das Bewußtsein, ein seetüchtiges Boot unter den Füßen zu haben, beruhigt. – Der Fischer raucht sommernachts gemütlich seine Pfeife an Bord, oder liegt zur Winterszeit in der geheizten Koje.« Zeichnung aus: Schiemenz, Text aus: Fraude (1925)

Wetter
»Die Fischer hatten ein gutes Bestimmungsvermögen über das Wetter und überall Anhaltspunkte. Kamen die kleinen »Nordwestfliegen« oder die »Osteulen«, die Nachtfalter, an Bord, so ging auch bestimmt der Wind in diese Richtung. Heinrich Borgwardt aus Pruchten rief uns sogar zu, wenn die Kühe auf Ummanz brüllten, daß der Wind nun auf Osten ging.«
(Bruno Kaiser)

diente eine Peilstange, der »Ausfühlstock«, mit dem der Grund abgetastet werden konnte. Die Barther bezeichneten die Windstärke nach der Zahl der eingebundenen Reffbändsel im Großsegel, die Fahrtgeschwindigkeit wurde mit dem Peilstock und dem Lot gefühlt. Bestimmte ertragreiche Driftstrecken, die wie die Flurstücken einer Feldmark auch bestimmte Namen haben konnten, wurden immer wieder gern abgefischt.

Beim **Aussetzen des Fanggeschirrs** wurden das Boot in den Wind gelegt und die Fock weggefiert, das Schwert eingeholt und die Ruderpinne freigegeben. Das lose Ruderblatt legte sich zur Luvseite über.

– Das zuvor auf den Laufplanken zurechtgelegte Fanggeschirr wurde von beiden Partnern gemeinsam über die Luvseite ausgebracht. Das Boot drehte nun langsam aus dem Wind.

– Durch Überholen der inzwischen wieder gesetzten Fock nach Luv wurde die Driftlage erreicht. Die Fock stand jetzt back und verhinderte ein Aufschießen des Bootes in den Wind. Zusammen mit dem Aufholen des Mittelschwertes war dies das entscheidende Segelmanöver bei der Drift.

– Die Großschot wurde je nach den Windverhältnissen dichtgeholt und auf der Leeseite belegt.

– Besan-, Klüver- und Toppsegel konnten nun entsprechend den Windverhältnissen gesetzt werden.

– Zum Einholen des Netzes wurde das Boot wieder in den Wind gelegt, die Fock weggefiert, die Groß- bzw. auch die Besanschot aufgefiert und damit die Fahrt gestoppt.

Die Vorderleine war während des Treibens am Ende des Baumes fest angeschlagen. Während die Achterleine durch einen Ring *(Leitkausch)* an der hinteren Baum-Nock lief, war das Ende am hinteren Leuwagens belegt.

Bogen sich während des Treibens die Driftbäume durch, ging das Ruderblatt nach Lee über, und schlugen die Wellen an der Luvseite an die Bordwand, machte das Boot also keine Fahrt mehr, dann saß es mit Sicherheit am Grund fest und hatte einen »Hacker«. Jetzt musste das ganze Fanggeschirr eingeholt, aufgeklart und gegebenenfalls repariert werden. Eingeholt wurde das Geschirr letztlich auch, wenn die Drift planmäßig beendet war. Die Gesamtdauer einer Drift war wesentlich von den Revierbedingungen abhängig und konnte zwischen einer halben bis anderthalb Stunden variieren.

Beim **Einholen des Fanggeschirrs** wurden das Boot in den Wind gelegt, die Fock weggefiert, die Groß- bzw. die Besanschot aufgefiert und damit die Fahrt gestoppt. Das Schiff trieb zum Netz hin, der Kraftaufwand an den Leinen war gering.

– Der sogenannte *Utwipper* (oder *Utslipper*) wurde losgeworfen, das Boot luvte sofort an und unterstützte damit die Drehung in den Wind.

– Nun wurde das Geschirr in gemeinsamem Hand über Hand geborgen, indem zuerst die Holleinen

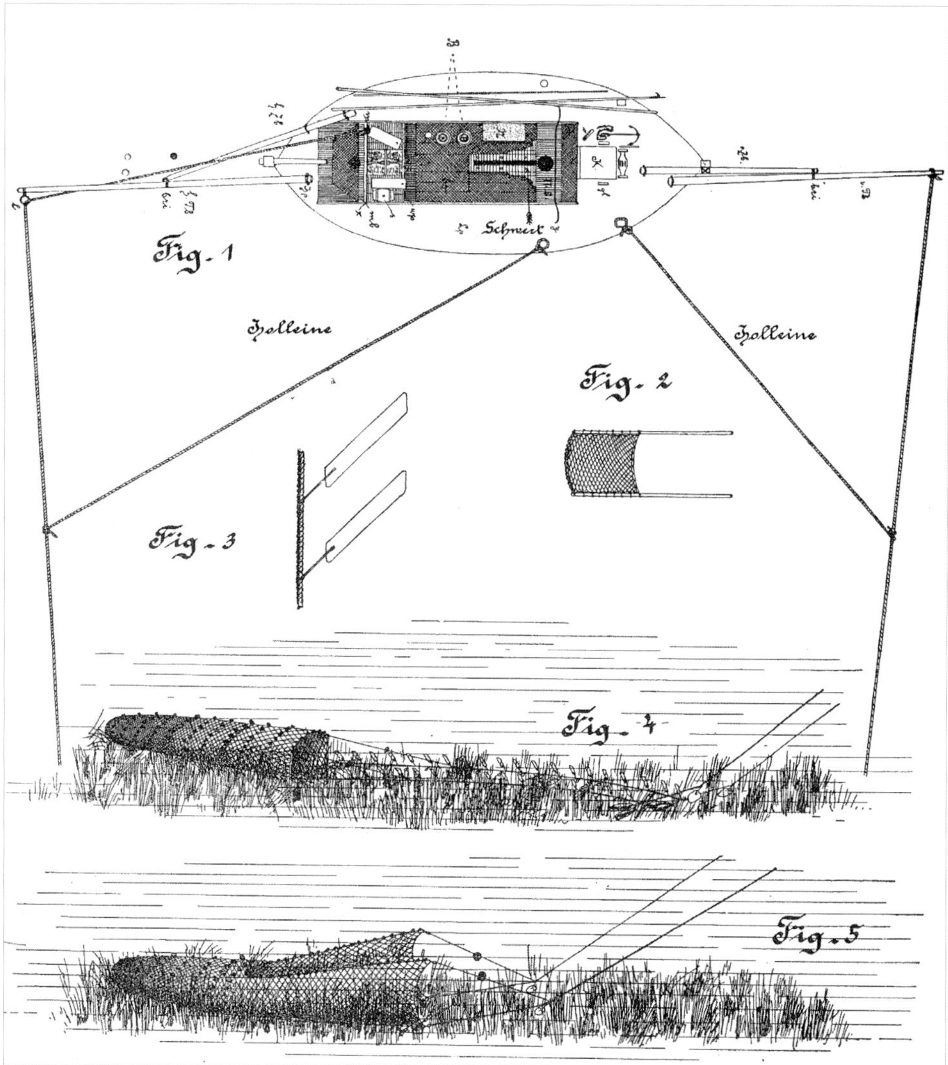

Zeichnung zur Zeesenfischerei nach SCHIEMENZ, *die auch die Leinenführung bei der Drift sowie eine Tuck- und Flügelzeese beim Fischen zeigt*

Fig. 1
Zeesenboot mit der Tucke fischend, von oben gesehen
Fig. 2
Griep zum Herausnehmen der Fische aus dem Wasserraum
Fig. 3
Stellung der Scheuchmittel (Klapperhölzer) beim Fischen
Fig. 4
Stellung der Tucke beim Fischen
Fig. 5
Stellung der Flügelzeese beim Fischen

Seite 86/87: *Die Stralsunder Zeesenfischer Max Heise (1908 – 1995) und Carl Waltenberg (1909 – 1992) auf ihren letzten Nachtdriften im Strelasund im Jahre 1980*

Fischer-Latein
Stralsunder Zeesener erzählten: »Wenn es hart wehte, kauften wir Heringe beim Fischhändler. Die Preise wurden in der Kneipe abgesprochen. Dann zogen wir Isländer und Hüftstiefel an, als ob wir von See kämen, und verkauften den Fisch für frisch gefangen in Stralsunds Straßen. Wenn die Fischweiber davon Wind kriegten – jagten sie uns zum Teufel.«
(aufgeschrieben von Walter Ribbeck aus Stralsund)

eingeholt wurden, um dann die eigentlichen Zugleinen, die *Driftleinen*, fassen zu können.

– Wenn der Netzsack bei einem guten Fang zu schwer war, wurde eine kleine Talje, das *Jolltau*, angeschlagen.

– Das Steertloch am Netzende wurde geöffnet und der Fang in bereitstehende Behälter, die *Baljen*, entleert. Daraus kamen die Marktfische, nach Arten sortiert, in die Bünn, in der sie lebend bis zur Abgabe gehältert wurden.

– Das Fanggeschirr wurde nach der Aufnahme sofort wieder klar zum Aussetzen gelegt.

Die Aufnahme des Netzes dauerte meist nicht länger als fünf Minuten.

Getrieben wurde in der Regel von Sonnenuntergang bis Sonnenaufgang. In einer Nacht ließen sich fünf bis sechs Driften machen. Wenn nicht an gleicher Stelle wieder ausgesetzt werden sollte, wurden das Schwert weggefiert und die Segel für die Fahrt zum neuen Fangplatz gesetzt. Für den Ortswechsel war es gestattet, den Motor zu benutzen. »In der Sommerzeit gingen die Driften mit zwei bis dreistündiger Ausnahme Tag und Nacht durch, rund um die Uhr. Bei gutem Wetter konnte sich hin und wieder einer beim Treiben einen Augenblick reinsetzen und die Augen zumachen. Sonst gingen wir hintereinander vier Schritte hin und zurück. Hier fiel ich dem Schiffer manchmal vor Übermüdung direkt vor die Füße«, sagte Bruno Kaiser.

Die Zeesenfischerei ging Mitte Mai erst richtig los. »Wenn die Frösche anfingen zu quaken, dann fingen die Aale an zu laufen«, sagten die Fischer. Im Sommer ging es auch am Tage auf Hecht. Und je dunkler die Nacht und je stärker der Wind, desto besser fing der Blankaal. Die Zeit der Herbsttürme war noch einmal die große Zeit der Zeesener.

Werner Alwardt erinnert sich: »Im September standen auch die Reusen wieder im Wasser, denn die Zeit des Blankaals war gekommen. Bis Ende Oktober zieht er in dunklen Nächten in die Ostsee hinaus. Für die Zeesenfischer eine harte Zeit: Drei bis vier Reffs im Großsegel, ein Reff in der Fock, so geht es gegen Sturm und Wetter an. Nach einem Schlepptörn von etwa einer Stunde folgt das Einholen des Geschirrs, die Leinen sind durch die Nässe härter als sonst, die Arme werden lang, und die Beine in den langen Seestiefeln stemmen sich haltsuchend gegen die Leiste auf dem vorderen Deck und gegen die Mastducht. Dazu heult der Wind, der Regen peitscht ins Gesicht, das Seewasser brennt in den Augen, das steife Ölzeug behindert die Bewegungen, und es ist lausig kalt.«

Nach dem Barther Jahrmarkt blieben die großen Boote im Hafen. Jetzt wurde der Zeesenfischer zum *Plümper*. Mit dem kleinen Netzboot stellte er Netze und Reusen, fischte im Winter unter dem Eis.

Die Arbeitswelt

Zur Bootsbesatzung gehörten wie erwähnt gewöhnlich zwei Fischer: *Schipper* und *Vormann*. Die Arbeit verrichteten sie »in einer Gemeinschaft mit Kommandostruktur zwischen zwei Partnern mit ungleicher Stellung und unterschiedlichen Rechten an Bord«, wie RUDOLPH definierte. Die Rangordnung ergab sich aus den Besitzverhältnissen. Der Schipper oder Schiffer, meist der Bootseigner, hatte das Kommando. Er bestimmte Kurs und Arbeitsablauf, der Vormann folgte seinen Weisungen. Als Ausnahme bekannt war der Stralsunder Zeesenfischer Kurt Schimmek. Er war Alleinfischer ohne Gehilfe und musste sich als Ein-Hand-Segler an Bord stets anleinen. Zum Bootsbesatz bemerkt SCHIEMENZ: »Die Bemannung besteht immer aus zwei Mann. Häufig ist es Vater und Sohn, mitunter nur 15 Jahre alt, oder es arbeiten Brüder gemeinsam. In den anderen Fällen ist der eine der Besitzer und der andere ein am Gewinn beteiligter Fischer, oder der zweite Mann ist ein am Gewinn nicht teilnehmender, bezahlter Gehilfe.«

Es gab auch Frauen an Bord. Über eine Frau als Mitfischer wird aus Stralsund berichtet. Und auch im Barther Revier hat es weibliche Gehilfen gegeben. Aus Bresewitz fischten die Borgwardts zusammen, auf dem Salzhaff ging Reinhard Techel aus Rerik nur mit seiner Frau Susanne auf Drift.

Am Zweier-Besatz hat sich über die Zeiten nichts geändert. Das Arbeitsverhältnis aus Schipper und Vormann scheint die älteste und charakteristische Art der Zusammenarbeit auf Zeesbooten gewesen zu sein. In der *Vischer-Rulle* des Stralsunder Amtes von 1601 sind *Stührlüde* und *Knechte* genannt. Mit den Steuerleuten waren sicher die Setzschiffer der Bootseigner oder Fischerwitwen gemeint.

Das Prinzip der Teilung des Ertrages der gemeinsamen Arbeit hat sich im Fischereigewerbe bis in die jüngste Zeit erhalten. Waren Boot und Fanggeschirr im gemeinschaftlichen Besitz, wurde auch der Gewinn geteilt. Bei der *Anteilfischerei* erhielt der Besitzer von Boot und Fanggeschirr zur Unterhaltung und Amortisation eine feststehende Quote, in der Regel ein Drittel des Fangerlöses. Der Resterlös

Die Legende von der Teufelsinsel

»Zwischen Ummanz und der kleinen Vogelinsel Heuwiese strandeten bei Rügen zwei abergläubige und gottesfürchtige Brüder mit ihrem Zeesboot. Sie hatten sich wohl die Langeweile der Nachtdrift mit »Richtenberger Korn« verkürzt. Das Boot erregte die Neugier einer Kuhherde, die nun im Morgendunst zur nahen Insel watete. Als die gehörnten Rindviecher dann über die Laufplanke in die Mittelplicht guckten und die »schlaftrunkenen« Brüder unsanft aus ihren Träumen rissen, glaubten diese, Satanas persönlich wollte sie zu ihrem letzten Fischzug holen. Mit dem Ruf »De Düwel kümmt, de Düwel kümmt!« sprangen sie über Bord und stolperten an Land.« (nacherzählt von Walter Ribbeck, ehemals Skipper der »Sunddriewer« (FZ-42)

Die Althäger Zeesenfischer Albert Dade (1903–1968) und Richard Dade (1897–1981), die bis 1968 zusammen gefischt haben, in den 50er Jahren. Im Hintergrund die »Giftbude«, ein Holzschuppen, der als Hafenkneipe sehr beliebt war

Im Revier fischten sie gegeneinander, im Hafen feierten sie gemeinsam. Gruppenbild von Zeesenern in Ralswiek/Rügen auf einem Stralsunder Boot, um 1950. Einige Fischer sind bekannt. Von links: Klaus Maibauer (Pruchten), Eberhard Diews (Barth), hinten Heinz Lange (Pruchten). Von rechts sitzend: Helmut Lange (Pruchten) und Ewald Moritz (Bodstedt)

Schwart Johann (FZ-6)
So heißt heute ein Boot, das 1902 in Stralsund gebaut wurde. Es ist nach Johann Krüger aus dem Stralsunder Großen Diebsteig benannt, der den Ökelnamen »Swart Johann« trug. Schwarz vom Scheitel, über Bart und Kleidung, bis zur Sohle, mit leichtem Silberblick und immer mit Melone. Trinkfest und deutsch-national gesinnt, hatte er für Wasser und Seife nicht viel übrig. Die Wirte in den Häfen rieben sich die Hände, wenn der »swarte Johann« zur Tür reinpolterte und seine Melone an den Kleiderständer hängte. Zum Dank malte man sein Konterfei an die Wand der Lauterbacher Hafenkneipe. Auch im Ralswieker Schloss beim Grafen Douglas, der es liebte, bei schlechtem Wetter mit den Fischern zu zechen, soll er seine Späße getrieben haben. Im Krug von Ralswiek war er ohnehin der Boss.

wurde dann als persönlicher Fanganteil zwischen Schipper und Vormann aufgeteilt. Der Ausdruck *»auf den dritten Teil fischen«* charakterisiert die ökonomische und soziale Stellung des Anteilfischers. Als *Mitfischer* wurden meist selbständige Netzfischer bezeichnet, die zeitweilig als Anteilfischer tätig waren und wie diese entlohnt wurden. In den Privilegien der St. Johannisgilde der Tuckerfischer zu Wollin wurde 1696 festgelegt: »Welcher Schiffer dem einen Knecht von seinem Lohn etwas abzieht und dem anderen zuleget, derselbe soll bestraffet werden!«

Die Kommandostruktur der Zeesenfischerei lässt bereits Anklänge an die spätere Seefischerei der Kutter erkennen und deutet auch auf die Dienstverhältnisse des Handwerks und der Landwirtschaft hin. In der älteren Form der Arbeitsgesellung gab es für den Vormann die Bezeichnung *Knecht*, aus dem später der *Fischereigehilfe* wurde. Ihm war der *Fischerjunge* etwa gleichgestellt. Sie alle erhielten neben Lohn auch Kost und Unterkunft. Es hieß, dass der Schiffer auf den alten Zeeskähnen »für Brot, Bier und Salz« zu sorgen hatte.

Im Jahre 1922 war Bruno Kaiser als Fischerjunge bei Willi Schild aus Bresewitz an Bord: »Ein Fischerjunge bekam außer Kost und Logis nur 30 Mark im Monat. Sonst wurde ich als zur Familie gehörig betrachtet. Mein Schiffer und meine Frau haben nie mit mir geschimpft. Wenn ich abends mit den anderen Fischer- und Bauernjungen nicht in Bresewitz herumstreifte, musste ich mit der kleinen Tochter ›Mensch ärgere dich nicht spielen‹.« Fischerjungen waren in jener Zeit offenbar nicht leicht zu finden. In der »Barther Zeitung« finden sich zum Beginn der Saison 1922 laufend Anzeigen folgender Art: »Einen Fischerjungen oder Gehilfen bei gutem Lohn zu sofort gesucht«.

Der Stralsunder Zeesenfischer Johannes Krüger war als der »Swarte Johann« bereits zu Lebzeiten eine Legende.

Regional waren die Dienstverhältnisse unterschiedlich geregelt. Im Gegensatz zu den Anteilfischern konnten Knechte und Fischerjungen auch zu anderen Tätigkeiten herangezogen werden. Es gab Kündigungsfristen bis zu drei Monaten oder bis zum Ablauf der Saison. Die allgemeinen Ziehtermine des Gesindes auf dem Lande waren oft auch Grundlage der Arbeitsverhältnisse in der Fischerei.

Den immer wiederkehrenden Ablauf der Fangreisen schildert Charlotte Borgwardt aus Bresewitz, die bis 1961 mit Ihrem Mann zusammen im Barther Revier mit der Zeese fischte: »Für die kommende Woche wurde Proviant eingekauft. Kartoffeln, Brot, Mehl, Zucker, Butter, Schmalz, Milch und Kaffee. Bei gutem Wind sind wir dann kurz nach dem Mittagessen abgesegelt und haben gleich auf dem Barther Bodden die Zeese ausgebracht und bis zum nächsten Morgen durchgefischt. Bei Sonnenaufgang wurde nach Hecht gefischt. – Müde wie war waren, gab es dann einen schönen Kaffee und Brote mit selbstgemachtem Schmalz. Dann wurde bis zum Mittag geschlafen. Das Mittagessen hatte ich meist noch zu Hause vorbereitet. Satt und ausgeruht ging es dann wieder dem Hecht zu Leibe. Kurz vor Sonnenuntergang wurde wieder Aal gefischt. Bei gutem Wind bis zum Morgen. Da gab es dann keine Schmalzbrote, sondern ein Gabelfrühstück von kleinen Schmoraalen. – So ging es die ganze Woche durch. Wir aßen nur Fisch oder Aal. Es wurde uns nie zuviel ...« Kaiser schreibt zum Essen: »In den Morgenstunden bereitete ich auf den letzten Driften das Mittagessen vor. Kartoffeln wurden geschält, der Aal musste abgezogen und in kleine Stücke geschnitten und gesalzen werden. Die Aale sind klein, haben nicht das vorgeschriebene Maß und sollten von Rechts wegen ins Wasser zurück. Das Mittag kochte der Schiffer selber. Es gab einmal Schmoraale, das nächste Mal Aalsuppe und dann wiederholte es sich. Wenn einige Tage Sturm war und keine Aale anfielen, gab es Bratbarsche.« Zu den übrigen Mahlzeiten gab es Butterbrot, Käse und in reichem Maße Kaffee.

Sie fischten in der Woche zwischen Hiddensee und Rügen und segelten sonnabends um drei Uhr nach Barth ab. Die Tour erledigten sie bei gutem Wind in vier Stunden. Dann wurde der wöchentliche Fang abgeliefert und in Bresewitz zu Mittag gegessen. Der Junge hatte bei der Überfahrt »Rein Schiff« zu machen. Das Deck wurde gewaschen und das Vorünner mit einem Mauerstein weiß geschrubbt. »Wenn die Zeese zum Trocknen im Mast hoch war, ging der Schiffer nach Hause. Ich trug noch das Faß voll Wasser, welches ich vom nächsten Haus holte, zum Boot. Nach dem Mittagessen nahm ich meinen Fischbeutel mit Plötzen und Aalquappen und ging nach Zingst. Mutter besorgte die Fische und ich schlief ein, wo ich mich gerade hingesetzt hatte,« erinnert sich Kaiser.

Aberglaube
Von den Althäger Fischern Hebert ist überliefert, dass sie ihre Zeese bei schlechtem Fang am Knüppel mit der Talje über den Schornstein ihres Hauses zum »Ausräuchern« zogen. Ernst Hebert konnte jähzornig werden, wenn Fremde oder Frauen über sein Boot stiegen. Um das Unheil abzustreifen, wurde das Netz durch den Sand gezogen.
Helmuth Lange aus Pruchten soll sein Netz mit einem Knüppel geschlagen haben und dabei gerufen haben: »Der Teufel muss raus!« Er hing seine Zeese ebenfalls in den Rauch und ging wieder nach Hause, wenn ihm eine Frau auf dem Weg zum Boot begegnet war.
(nach Hans Dade und Hermann Grählert)

Schmoraal nach Lotte Borgwardt aus Bresewitz:
Die Aale abziehen und in kleine *Stücke schneiden. Leicht salzen und pfeffern. Fett erhitzen. Den Fisch dazugeben und mit Zwiebeln bedecken. Zugedeckt bei kleinem Feuer langsam schmoren. Bevor die Aale gar sind, diese mit etwas heißem Wasser und Mehl andicken oder etwas Kaffee übergießen.*

Fischer Drews brauchte angeblich 16 Leute, um sein Boot in Bodstedt die Uferböschung hochzuziehen. Als Belohnung stand am Ende immer eine Kiste Bier (aus der sich vorher schon mal der Briefträger heimlich bediente). Die Aufnahme von 1958 zeigt Arbeiten an BOD-2.

Auf BOD-4 die Kinder Evi und Ferdinand des Zeesenfischers Heinz Flemming 1958 in Bodstedt. Das Boot wurde einige Jahre später außer Dienst gestellt.

Standorte, Fangreviere und Gesetze

Bis im Mittelalter die weltlichen Herren und die Klöster auch das Fischereirecht mit ihren Grundrechten verbanden, galt nach altem römischen Recht der Fisch, bis er gefangen war, als herrenlos. Die mittelalterlichen Grundherren nun erhoben nicht nur einen Rechtstitel auf ihre eigenen Teiche, sondern auch auf die offenen Gewässer ihrer Herrschaft. Da sowohl die weltlichen als auch die geistlichen Eigentümer ihre Fischereirechte aber nicht immer selbst ausüben konnten, wurden sie verkauft oder unter bestimmten Bedingungen übertragen. Jetzt durfte fischen, wer das Recht dazu erworben hatte. Die Zeesenfischerei war keine zu eigenem Recht ausgeübte, sondern eine Pachtfischerei.

Die Fischereiberechtigungen wurden einst von den Ämtern der Landesherren, den Klöstern, Gütern und Städten oder der ebenfalls dazu privilegierten Greifswalder Universität auf der Grundlage der jeweils geltenden Haffordnungen vergeben. Sie begründeten ein Pachtverhältnis und die Fischereierlaubnis auf bestimmten Revieren. Es war üblich, dass sich die Zeesenfischerei viele Generationen hindurch vom Vater auf den Sohn vererbte. So entstand de facto eine Erbpacht. Das Fischereirecht lag jedoch auf dem Fahrzeug. Ging dieses an eine Witwe oder nicht mündige Kinder, mussten in der Regel Steuerleute oder Setzschiffer verpflichtet werden.

Der Erwerb von Fischereirechten war immer mit Einschränkungen und zusätzlichen Pflichten verbunden. Die Zeesener-Pacht war eine reine Wasserpacht, mit weiteren Verpflichtungen. So wurde im 18. Jahrhundert zusätzlich ein *Dienstgeld* verlangt, das an die alte Pflicht der Fischer erinnerte, der Landesherrschaft und den Klöstern mit ihren großen Kähnen bestimmte Dienste zu leisten. Sie mussten etwa Materialien zum Bau fürstlicher Häuser und Schlösser transportieren sowie Holz und Korn verschiffen – Leistungen, die von den kleineren Zeesbooten später in diesem Umfang nicht mehr zu erbringen waren. Zusätzlich waren Naturalabgaben fällig, die später meist in Form einer Steuer entrichtet wurden. Auch der Fischhandel war streng geregelt.

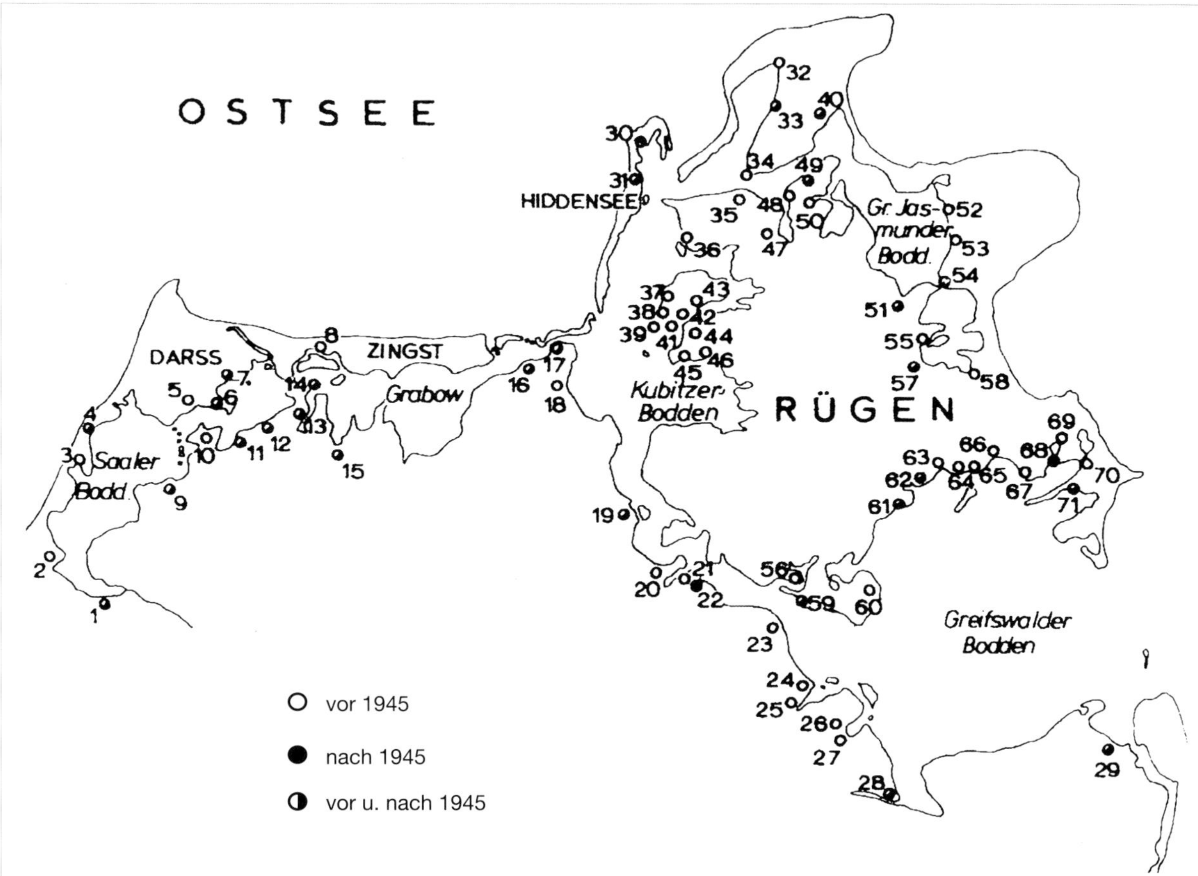

Standorte der Zeesenfischerei zwischen dem Saaler Bodden und dem Peenestrom: 1 Ribnitz, 2 Dändorf, 3 Wustrow, 4 Althagen/Ahrenshoop/Fulgen, 5 Born, 6 Bliesenrade, 7 Wieck, 8 Zingst, 9 Neuendorf, 10 Michaelsdorf, 11 Fuhlendorf, 12 Bodstedt, 13 Pruchten, 14 Bresewitz, 15 Barth, 16 Wendisch-Langendorf, 17 Barhöft, 18 Solkendorf/Klausdorf, 19 Stralsund, 20 Devin, 21 Neuhof, 22 Niederhof, 23 Stahlbrode, 24 Kalkvitz, 25 Gristow, 26 Karrendorf, 27 Leist, 28 Greifswald/Wieck, 29 Freest, 30 Grieben, 31 Vitte, 32 Kuhle, 33 Wiek, 34 Wittow, 35 Vaschvitz, 36 Schaprode, 37 Haide, 38 Suhrendorf, 39 Freesenort, 40 Breege, 41 Wusse, 42 Waase, 43 Ummanz, 44 Mursewiek, 45 Lieschow, 46 Kubitz, 47 Trent Ausbau, 48 Breetz, 49 Vieregge, 50 Neuenkirchen, 51 Ralswiek, 52 Polchow, 53 Neuhof, 54 Lietzow, 55 Stedar, 56 Tannenort, 57 Buschvitz/Zittvitz, 58 Lubkow, 59 Glewitz, 60 Pritzwald, 61 Neukamp, 62 Neuendorf, 63 Lauterbach, 64 Freetz, 65 Muglitz, 66 Groß-Stresow, 67 Neu-Reddevitz, 68 Seedorf/Sandort, 69 Neuensien, 70 Moritzdorf, 71 Alt-Reddevitz

STR. 117
STR. 107

Berechtigung zur Zeesenfischerei für den Fischer Peter Niejahr (1855 – 1944). Der ehemalige Kapitän aus Althagen hat im hohen Alter noch bis 1940 mit dem Zeesboot auf dem Saaler Bodden gefischt.

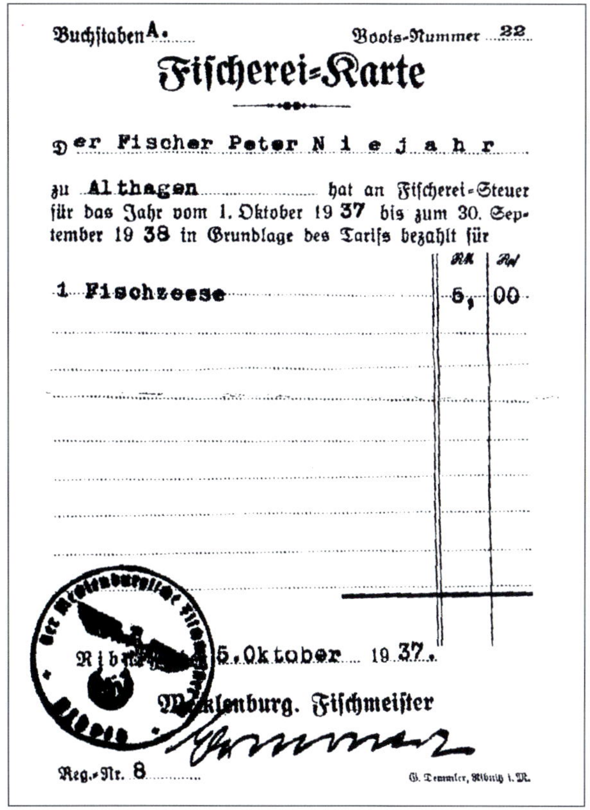
Buchstaben A. Boots-Nummer 32

Fischerei-Karte

Der Fischer Peter Niejahr

zu Althagen hat an Fischerei-Steuer für das Jahr vom 1. Oktober 19 37 bis zum 30. September 19 38 in Grundlage des Tarifs bezahlt für

	RM	Rpf
1 Fischzeese	5,	00

Rib… 5. Oktober 19 37.

Mecklenburg. Fischmeister

Reg.-Nr. 8

G. Demmler, Ribnitz i. M.

In Kriegszeiten war den Zeesenern wie den Tuckern die Ausübung ihres Berufes fast völlig unmöglich, weil Freund und Feind gleichermaßen ihre Kähne für Kriegstransporte nutzten. So haben die Kahn-Zeesener in den Kriegen, die der Große Kurfürst von 1674 bis 1679 mit Schweden führte, neben anderen Transportleistungen auch Geschütze nach Kolberg verfrachtet und an der *»Ruginischen expedition«* teilnehmen müssen. Die Zeesboote später blieben von solchen Aktionen befreit.

Neben territorialen Beschränkungen gab es Schonzeiten- und Schongebiete, in denen nicht gefischt werden durfte. So war die Fischerei mit Schleppnetzen früher an bestimmte Jahres- und Tageszeiten gebunden. In Wismar durften die Segelfischer nur im Wechsel mit den Standfischern aufs Wasser. Bestimmungen über die Maschenweite der Netze, die von den Fischern gern umgangen wurden, nehmen in diesen Gesetzen breiten Raum ein. Es wird berichtet, dass Feldherr Karl Gustav von Wrangel als Gouverneur von Pommern »... zuweilen in eigener Person die Netze auf dem Haff habe visitieren lassen«.

In Stralsund erhielt ein *Numerus Klausus*, der 1848 erlassen wurde, den Bestand der Zeesener über Jahrzehnte konstant. Unter diesem Aspekt ist

Seite 98: *Stralsunder Zeesboote um 1950 im Jasmunder Bodden. STR. 117 (Mitte) gehörte damals Otto Kagelmacher und segelt heute unter dem Namen »Un Ick« (FZ-73). Das 15 m lange Boot konnte 80 m² Segelfläche tragen.*

Arbeitsmoral Anno 1601
»So sollen auch die Steuerleute, wenn es gutes Wetter zum Zeesen ist, doch die Pfingstwoche ausgenommen, weder in die Krüge gehen, noch im Fischen eine Versäumnis verursachen, und des Schiffers Arbeit liegen lassen, bei Strafe dem Kamarar eine halbe Tonne Bardisch (Barther), und dem Amte zwei Tonnen Sundisch Bier.«
(Stralsunder Fischerrolle von 1601, § 29)

Gute Fänge
»Früher haben wir einmal im Bodstedter Bodden mit mindestens 20 Booten auf Aal gefischt. Und das vier Wochen lang. Immer auf und nieder. So viel Aal war da. Und im Herbst gingen wir dann noch in den Saaler Bodden auf Zander.«
(Hermann Grählert)

Die Boote von Hugo Borgwardt (links) und Karl Brandt aus Neuendorf 1960 in Bodstedt

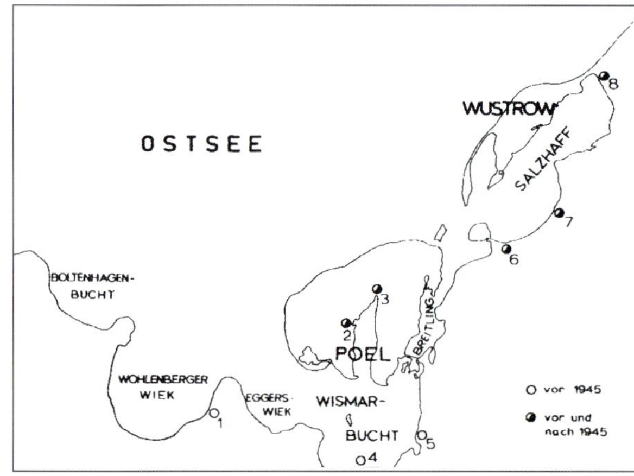

Standorte der Zeesenfischerei in den Wismarer Gewässern: 1 Beckerwitz, 2 Weitendorf, 3 Kirchdorf, 4 Wismar, 5 Redentin Fischkaten, 6 Boiensdorf, 7 Pepelow, 8 Rerik (Alt Garz)

auch die Auswanderung vorpommerscher Zeesenfischer nach Dänemark ab 1872 zu betrachten.
Hinweise zu Standorten, Fangrevieren und Umfang, sowie fiskalischen Belastungen der Fischerei geben die Akten des Preußischen Staatsarchivs zu Stettin. Danach ist die Fischerei mit Zeeskähnen – bis zum endgültigem Verbot dieser Schiffe im Jahre 1908 – auf dem Stettiner Haff und im Stralsunder Raum über viele Jahrhunderte eine bedeutende Form der Schleppnetzfischerei gewesen.
Im späten Mittelalter fischten die Kähne meist auf dem Haff. Ihre Standorte hatten sie vor allem in Anklam und Umgebung. Der Rest der Flotte

Das Zeesboot von Fischer August Düwel um 1930 im Hafen von Dierhagen mit Frau Düwel an Bord. Das Boot wurde 1957 abgewrackt und verheizt. Daneben der Motorkutter, mit dem Robert Dittrich wochentags von Sassnitz aus fischte. Im Hintergrund vor Anker liegt wahrscheinlich das Zeesboot von Wilhelm Hacker.

BOA 4

Zeesboote bestimmten lange Zeit, auch um 1930, das Hafenbild von Kirchdorf auf der Insel Poel.

Seite 102: *Abseits im Schilfgürtel am Koppelstrom in Born auf dem Darß befand sich der Liegeplatz von Karl-Heinz Kafka. Der Besanmast ist umgelegt, die Tuckbäume blieben ausgeschoben.*

Im Wismarer Revier wird 1875 die Zeesenfischerei im Sommer verboten
»Für die ganze Dauer der Monate Mai, Junius und Julius wird das Fischen mit Zeißen (Zeeßen), d. h. Fischerzeugen die aus zwei durch einen Sack verbundenen Flügeln oder mit Stroh oder Spänen besteckten Leinen bestehen und mit Segelbooten quer, d. h. in der Richtung von Backbord zu Steuerbord, durch das Wasser bewegt werden – so wie überhaupt jedes Fischen mit Schleppnetzen, welche durch segelnde Boote fortbewegt werden – auf den eingangs genannten Gewässern ... untersagt.« (Durchführung zum Fischereigesetz für die Wismarer Bucht mit allen Gewässern ... von 1875, § 3)

verteilte sich auf Orte der Insel Usedom und der Südseite des Haffs. In Wollin, das im 19. Jahrhundert als Mittelpunkt der Schleppnetzfischerei auf dem Haff galt, waren nur wenige Zeeskähne beheimatet. Von hier aus wurde vor allem mit Tuckerkähnen und Taglerpolten gefischt. 1843 wurde für das Haff die Höchstzahl der Zeeskähne auf 25 beschränkt Sie blieb fortan bis 1870 konstant.

Die einst vornehmlich den Städten Stralsund, Greifswald, Barth und Anklam vorbehaltene Zeesenfischerei fand verhältnismäßig spät, erst gegen Ende des 18. Jahrhunderts, Eingang in den Küstendörfern. Die Stralsunder betrieben die Zeesenfischerei in den rügischen Gewässern bereits im 16. Jahrhundert unter Nutzung der städtischen Fischereiprivilegien durch das 1601 gegründete »Amt der Zeesener«.

1325 schenkte Pommernherzog Wartislaw IV. der Stadt Barth das Binnengewässer von Barhöft bis Ribnitz. Innerhalb genau festgelegter Grenzen sollte der Rat das Lübische Recht umsetzen. 1872 verkaufte Barth das Fischereirecht an den Fiskus.

Ausführliche Informationen zur Zeesenfischerei seit dem Ende des 19. Jahrhunderts finden sich in Bootslisten und Fangberichten der Fischmeister. Die Reviere der Boots-Zeesener erstreckten sich über die inneren Seegewässer der Ostseeküste, von der Wismarer Bucht bis zum Peenestrom. Ausgenommen davon war das Seegebiet um Warnemünde, wo zu keiner Zeit mit Treibzeesen gefischt wurde.

Strenge fiskalische Maßnahmen verhinderten eine Ausbreitung über diese Gebiete hinaus. Zudem waren die Boote und Fangtechniken aufgrund der Gewässerbedingungen nicht überall einsetzbar. Trotzdem gab es Ausnahmen. Die Akten nennen 1893 einen Zeesenfischer aus Leist bei Greifswald, »... der in der Ostsee fischt.« Nach 1945 wurde auch kurzzeitig auf dem Achterwasser gezeest. Die Brüder Helmut und Paul Grählert haben in neuerer Zeit bei gutem Wetter manchmal in der Ostsee vor Hiddensee gedriftet. Das geschah ohne besondere Erlaubnis, aber mit Duldung des Fischmeisters. Wenn es auch auf See vor der Wismarer Bucht oder östlich vom Greifswalder Bodden ähnliche Einsätze gegeben hat, war das möglich, weil im Seerevier die Schleppnetzfischerei keiner fiskalischen Beschränkung unterlag.

Obwohl in den Ostseegewässern von Schleswig ebenfalls gute Bedingungen für diese Fangmethode bestanden, hat sich die Treibzeesenfischerei dort nicht einrichten können – wegen des bereits erwähnten Verbots der Schleppnetz- sowie der Zeesenfischerei von 1886 in Schleswig-Holstein.

Auf dem Saaler Bodden, auf dem die Landesgrenze zwischen Mecklenburg-Schwerin und Preußen verlief, erlaubte ein Rezess zwischen beiden Staaten vom 6. Juli 1842, der noch bis 1945 gültig war, nur den Fischern der Dörfer des Fischlandes die

Zeesenfischerei mit bis zu 40 Booten jährlich. Zur Zeesenfischerei auf dem Saaler Bodden gibt es einen Verweis auf Großherzog Friedrich Franz II., der bereits 1836 den preußischen Fischern aus Althagen nach zeitweiligem Verbot die Zeesenfischerei auf den Mecklenburger Gewässern wieder befristet einräumte. Noch 1946 verhängte auch die Ribnitzer Polizei Geldstrafen, weil Fremde »... in dem Gewässer des Ribnitzer Binnensees gefischt haben und dieses laut Gesetz vom Jahre 1898 den pommerschen Fischen nicht gestattet ist«.

Es wird angenommen, dass im Wismarer Revier die Treibzeesenfischerei um 1850 nach der Einwanderung von Fischern aus Barhöft ihren Anfang nahm. Seit Langem aber war man hier um eine Reduzierung der Schleppnetzfischerei bemüht. Zur Lösung des Problems bot man schließlich 1897 den Fischern, die für immer zur Standnetz- oder Angelfischerei übergingen, eine Steuerfreiheit für drei Jahre an.

Grund für derartige Beschränkungen soll die angebliche Schädlichkeit der Grundschleppnetze gewesen sein, weil »... die Fischerei mit Zeesen angreifender sei für den Fischbestand, als jede andere«. Diese Schädlichkeit hat Schiemenz nach umfangreichen Untersuchungen bekanntlich widerlegt. Auch der ständige Interessenkonflikt der Schleppnetzfischerei mit der passiven Fischerei gab wiederholt den Behörden Anlass zu solchen destruktiven Regulierungen.

Stralsund erhielt von der pommerschen Landesherrschaft im Mittelalter die Alleinrechte der Fischerei in seinen Gewässern zugesprochen. Die Stadt übertrug diese Rechte daraufhin dem Amte der Zeesener. Es kam in den folgenden Jahrhunderten nicht nur einmal vor, dass Boote und Netze fremder Fischer beschlagnahmt und sogar Prügeleien ausgetragen wurden. Der Barther Fischer Wallis beispielsweise führte 1818 einen Prozess, weil ihm seine Zeese samt Fischen konfisziert worden war.

Auch noch zu Zeiten sozialistischer Genossenschaften erhoben die Stralsunder Zeesenfischer Ansprüche auf alte, fürstliche Privilegien. Im Jahre 1974 gerieten sie deswegen mit drei Bootsbesatzungen aus der Barther Region in Streit. Die fremden Fischer – es waren übrigens Hellmuth Bauer, Karl-Heinz Kafka und Hermann Grählert – hatten während einer erträglichen Aalsaison ohne gültigen Erlaubnisschein, sozusagen bei Nacht und Nebel, im Sund auf den hauseigenen Fanggründen der Stralsunder gefischt. Die Stadtfischer kreuzten mit ihrem Fischmeister auf und versuchten, die ungebetenen Kollegen zu vertreiben. Das gelang ihnen allerdings erst nach mehrmaligen Anläufen und zuletzt mit Hilfe des Rostocker Oberfischmeisters. Dieser Streit um alte Privilegien im Revier ging als wahrscheinlich einer der letzten in die Geschichte der Zeesenfischerei ein.

Revier Jasmunder Bodden
Ein beliebtes Revier waren die Jasmunder Bodden auf Rügen. In guten Zeiten, noch Anfang der 50er Jahre, waren auf dem großen See bis zu 80 Zeesboote unterwegs, die jeweils Nacht für Nacht bis zu 50 kg Aale fingen. Hier traf sich, was unter den Fischern Rang und Namen hatte. So im Jahre 1956, als mit 35 Fahrzeugen fast alle Fischer vor Ort waren, die zu dieser Zeit noch unter Segeln fischten. Auf Drift ging es von Montag bis Freitag. Sonnabends fuhr man nach Hause, die Boote blieben in Ralswiek. Den frischen Fang übernahmen die Quatzen der Fischhändler und später die Autos der Fischverwertungsgenossenschaft.

Die Zeit der letzten Segelfischer

Heinrich Techel (1897–1972) aus Alt Gaarz (Rerik) betrieb die Zeesenfischerei auf dem Salzhaff bis 1965. Das auf Seite 109 gezeigte Boot wurde 1942 in Kirchdorf auf Poel gebaut. Es zeigt die für den Wismarer Raum typische Bauweise. Der vordere Segelbalken ist auf seiner Unterseite als Nagelbank eingerichtet, die Fallen werden auf der Backbordseite belegt. Zu erkennen ist auch der Leuwagen für die Vorschot. Es gibt keinen Kajütaufbau. Eine kleine Kapp mit Schiebeluk dient als Niedergang in das kleine Logis im Vorschiff. Lose schwimmende Hälterkästen wurden hier als Setzkästen gebracht, die dann am Liegeplatz im Wasser schwammen.

Mit der Entwicklung der Motorfischkutter Anfang des 20. Jahrhunderts, der Fischerei mit Scherbrettern, dem intensiven Ausbau der Großreusen mit jährlich zwei Fangperioden, wegen sinkender Fangerträge und nicht zuletzt durch fiskalische Regulierung wurde langfristig das Ende der Treibzeesenfischerei eingeläutet. Die Zahl der nach 1945 auf den ehemaligen Revieren der Zeesener noch segelnden Boote lässt sich nicht mehr mit Sicherheit ermitteln. Die Schiffsregister der Wasserschutzpolizei von 1946 und 1948 sind lückenhaft. Auch die Akten der Fischereiaufsicht sind nicht überall vollständig erhalten.

Fast lückenlos liegen dagegen die Akten des Fischereibezirkes Barth von 1955 bis 1980 für die westlichen Boddengewässer vor. Sie spiegeln den Niedergang der Zeesenfischerei anschaulich wider, nach einem letzten leichten Aufwärtstrend in den 50er Jahren, und nennen als letzte Heimathäfen der Zeesboote die Städte Stralsund, Greifswald, Barth und die Fischerdörfer Althagen und Bodstedt.

1946 vermerkten Listen für die Region zwischen Barhöft und Ribnitz wieder 33 Fischer, die einen *Willzettel* (Berechtigungsschein) für die Treibzeese erhielten. Am 3. August 1946 berichtete der Fischmeister: »16 Zeesboote fischten im ganzen Monat außer an Sonntagen in der Grabow im Barther und Bodstedter und Saaler Bodden.« (Das war übrigens die gleiche Zahl, die 1865 in Barth gezählt wurde.) 1960 waren es 24 und 1970 noch 11 Zeesenfischer, die auf Drift gingen. Da die genossenschaftlichen Großreusen der Boddenfischer am Außenstrand zwischen Prerow und Zingst standen, gab es nur wenig Beschränkungen für die Segelfischerei im Binnenrevier.

Seite 107: *Willy Beuge (1899–1966), hier im Jahr 1956, war einer der letzten Zeesener auf dem Greifswalder Bodden. Sein Ökelname war »Morsschot«, weil er die Schot des Großsegels, statt auf dem Poller zu belegen, mit seinem Gesäß festhielt.*
Seite 108: *Der Borner Fischer Karl-Heinz Kafka (1927–1997) setzte bis 1980 auf dem Saaler Bodden die Segel. Als späte Hommage an den letzen aktiven Zeesenfischer der Region gehen jetzt wieder Zeesener mit seinem ehemaligen Boot im alten Revier auf Drift.*
Seite 109: *Das Boot von Heinrich Techel zeigt die für den Wismarer Raum typische Bauweise (vgl. Marginalie).*

In Ribnitz wurde 1964 Karl Wilbrandt als letzter Zeesenfischer registriert, und als 1980 schließlich der Borner Karl-Heinz Kafka auf dem Saaler Bodden seine letzten Driften machte, war die Zeit der Arbeitssegler in diesem Revier vorbei.

In anderen Regionen verlief der Niedergang ähnlich. Erste Anzeichen hierfür fanden sich dort aber schon früher. Von Hiddensee aus gingen 1955 noch fünf Boote auf die Drift. 1958 wurden elf Boote registriert, die in Glewitz, Ralswiek, Seedorf, Vieregge, Vitte und Zittwitz beheimatet waren. 1960 wurden auf Rügen und in Stralsund noch insgesamt 18 Boote gezählt. Fischmeister Heiden aus Breege kannte namentlich 13 Fischer, die 1965 auf Rügen in seinem Bezirk noch gezeest haben.

Bis 1984 ging der Altfischer Max Heise mit seinem Macker Carl Waltenberg im Nebenerwerb mit der *Albatros* (STR-13) auf Drift. Danach endete auch die lange Ära der Zeesenfischerei am Sund. Mit Waltenberg, dessen Vater einst als »Schaffer« im »Amt der Zeesener« die Amtslade verwaltet hatte, ging zugleich eine Familientradition zu Ende. Die letzten Nachtdriften der beiden Zeesener sind als historische Fotodokumente auf S. 86f. veröffentlicht.

In der Familie Grählert aus Pruchten gehört die Zeesenfischerei bis heute zur Familientradition. Hermann Grählert (1922–2005) hat mit seinen Erzählungen viel zu diesem Buch beigetragen.

Das Borner Zeesboot (BOR-4) von Karl-Heinz Kafka kaufte 1980 der Althäger Fischer Andreas Schönthier. Er übernahm auch das Fanggeschirr und die Berechtigung zur Treibzeesenfischerei. Zunächst machte er im Sommer 1982 noch einige Driften im Jasmunder Bodden, bis auch er die Netze von Bord nahm, um das Fahrzeug unter dem neuen Namen *Sannert* (Zander) in der Boddenfischerei und später bei Gästefahrten einzusetzen. Daneben belegte er mit dem Boot als begeisterter Sportsegler mehrmals erste Plätze bei den Regatten. Er war der letzte Zeesenfischer vom Saaler Bodden, hat den Verein der Zeesener begründet und die Tradition der fast 100-jährigen Althäger Fischerregatta wieder aufleben lassen.

Die Akten aus dem Wismarer Revier sind unvollständig. Ab 1965 lassen sich wieder gültige Aussagen machen: In Boiensdorf, Kirchdorf, Pepelow, Weitendorf und Rerik war die Zeesenfischerei nach 1945 wieder aufgenommen worden. 1965 waren hier über 10, vielleicht sogar 15 Boote im Einsatz. Die meisten Zeesener holten Ende der 70er Jahre ihre Netze ein. Nur einige gingen zeitweise noch im Salzhaff auf Drift. In den besten Zeiten sollen einmal bis zu 80 Boote im Revier gezeest haben. Allein in Kirchdorf könnte es 25 bis 30 Zeesboote gegeben haben.

Inzwischen ist belegt, dass Reinhard Techel zusammen mit seiner Frau Susanne noch bis 1990 gezeest hat. Damit sind sie die letzten wirklich

Die ehemals guten Fangerträge blieben aus

Der Barther Fischmeister schrieb bereits im Juli 1946, dass die Ergebnisse einer Nacht, in der gezeest wurde, bestenfalls 40 bis 60 kleine dünne Aale waren und ein Zeesboot im August desselben Jahres durchschnittlich nur 50 bis 75 kg Aale fing. Das waren bei 16 Booten zwischen Barth und Ribnitz 800 bis 1200 kg Edelfisch. 1953 meldete der Ribnitzer Keeper die Erträge vom Saaler Bodden. Danach erreichten die Zeesener im März 30 %, im Mai nur 10 % und im August 35 % vom Gesamtfang.

Auf dem Salzhaff
»In stillen Nächten war am Salzhaff früher das Schlagen der Fock, das Klappern der Ringe und das Quietschen der Blöcke von den Zeesbooten auf der Drift zu hören.«
(Reinhard Techel, 1927–2002)

aktiven Zeesenfischer der Ostsee gewesen. Als einen Grund für die Aufgabe der Zeesenfischerei im Salzhaff nannte Techel das Setzen der großen Aalkorbketten. Im Herbst 1990 fischten die Techels mit der Köderzeese noch das Besteck für ihre Aalschnüre. »Auch auf Krabben haben wir damals im Sommer noch gezeest,« sagte Susanne Techel. »Als wir aber im November nur noch 46 Blankaale im Netz hatten, gaben wir die Zeesenfischerei ganz auf.« Mit den Techels, deren Vorfahren schon 1876 als Zeesener aktenkundig waren, endete die Zeit der Segelfischerei.

Die Zeesenfischer hatten mit ihrer anachronistisch anmutenden Fangmethode bis in die jüngste Vergangenheit mit mehr oder weniger Erfolg eine Nische besetzt, die für andere Fischer nicht zugänglich war. Es waren vor allem fischereibiologische Regulierungsmaßnahmen, die Motorfahrzeuge in den freien Seeraum wiesen und damit den Zeesbooten ihre letzte Chance ließen. Sie betrieben die Schleppnetzfischerei auf Edelfisch in ökologisch schonender Weise immer dort, wo das Schleppen von Fischereigerät mit Motorkraft verboten war. Der Niedergang dieser archaischen Segelfischerei war dennoch vorgezeichnet und nicht aufzuhalten, weil es für ihren Fortbestand keine wirtschaftlichen und sozialen Notwendigkeiten mehr gab. Die letzten Fahrzeuge wurden Anfang der 1950er Jahre gebaut.

Als besondere Gründe für die Aufgabe der Zeesenfischerei sind zu nennen:
– Die individuelle Form der Fischerei, meist auf familiärer Grundlage, behinderte zunehmend andere, nach dem Zweiten Weltkrieg hauptsächlich genossenschaftlich betriebene Fischereiformen.
– Feste Großreusen-Standorte mit langen Netzwehren erschwerten die Driften oder verhinderten sie in traditionell ertragreichen Fangrevieren ganz.
– Zeesener machten rentablere Betriebsformen der Küstenfischerei zu ihrem Haupterwerbszweig.
– Bootsbesatzungen überalterten, weil Nachwuchs in andere Berufe abwanderte oder zur besser bezahlten Küsten- und Hochseefischerei wechselte.
– Die Fangergebnisse beim Aal als »Brotfisch« und anderen Fischarten in den Boddengewässern gingen aus ökologischen Gründen ständig zurück.

Wenn nicht Freizeitsegler die alten Boote übernahmen, so wurden sie abgewrackt und gingen in den Ofen. Andere wurden nur abgetakelt und fanden neue Verwendung als Reusen- und Netzboote. Sie überlebten auf diese Weise und konnten teilweise wieder als Segler reaktiviert werden.

Ohne die Erfahrungen, die der Altfischer Hellmuth Bauer aus Bodstedt für die neuen Driften einbringt, wären die Netze oft leer. Hier bei einer Drift auf der »Richard D.« (FZ-94) mit Bootsbaumeister Nils Rammin (links) im Jahre 2006.

Im Kielwasser der Zeesener – wieder auf Drift

Es sind die Bilder von gestern: Auf dem Saaler Bodden treiben in der Sonne wieder Zeesboote im Herbstwind. An beiden Bootsenden weithin sichtbar die langen Driftstangen, die das Netz offenhalten. Es ist noch nicht so lange her, dass braune Segel am Horizont von der Arbeit der Zeesenfischer kündeten. Noch vor wenigen Jahrzehnten gehörten die Boote mit den dunklen Segeln und den Auslegern hier zum Alltag der Fischerei.

Am Anfang war es der Fischer Andreas Schönthier aus Althagen, der zusammen mit Jürgen Schmedemann wieder auf die Drift ging. Sie fischten auf dem gleichen Boot, mit dem der Borner Karl Heinz Kafka vor mehr als 20 Jahren seine letzten Züge mit der Treibzeese gemacht hatte. 1981 übernahm Schönthier mit dem Fahrzeug und der Ausrüstung auch die Betriebserlaubnis zur Zeesenfischerei. Es bedurfte seiner Durchsetzungskraft und Überzeugungsarbeit, bis die Fischereibehörde endlich die Erlaubnis «zur Verwendung einer Treibzeese für die Zwecke einer Versuchsfischerei als Ausnahme von den Vorschriften zur Schleppnetzfischerei« erteilte.

Es wird wieder mit der Treibzeese gefischt. Als Erster ging 2002 der Althäger Fischer Andreas Schönthier mit der »Sannert« (FZ-33) auf die neue Drift.

Im Jahre 2002 wurde in Ahrenshoop auf dem Fischland der »Verein der Zeesener e. V.« gegründet. Dieser Name wurde mit Bedacht und in Gedanken an das historische Stralsunder »Amt der Zeesener« gewählt. Mitglieder sind Traditionssegler und Berufsfischer, die das Vermächtnis der alten Segelfischer weitertragen möchten. Sie werden ihre Kompetenz als Fischer und Segler einbringen, um die Zeesenfischerei auch für die nachfolgenden Generationen wieder erlebbar zu machen. Noch leben einige Fischer, die dieses alte Handwerk beherrschen. Man trifft sie auf Rügen, am Peenestrom, in Barth, Bodstedt, Pruchten und in Althagen.

Im Jahre 2001 genehmigte das Landesamt für Fischerei Mecklenburg-Vorpommern unter der Trägerschaft des Vereins ein befristetes Projekt für die Versuchsfischerei mit Treibzeesen auf dem Saaler

Vom Fischland
»Unsere Zeesenboote sind fast alle alt, ihre braunen Segel vielfach geflickt und die Netze mürbe und verbraucht. Doch wir Althäger können uns unseren Bodden nicht ohne die Fischerboote denken.«
(Käthe Miethe, »Das Fischland«, Rostock 1947)

Ökologie des Zeesenfischers
»Wenn du ernten willst im Bodden, dann musst du den umpflügen!«
(Hellmuth Bauer, Zeesenfischer aus Bodstedt)

Bodden. Die Driften erbrachten den Beweis, dass heute eine zeitweilige Zeesenfischerei für das marine Ökosytem der Boddengewässer keine Gefahr bedeutet. Sie stellt auch für die passive Fischerei mit Stellnetzen und Reusen keine Behinderung dar, weil diese Fangmethode schon immer räumlich und zeitlich begrenzt war. Wenn die Zeesenfischerei in den Fischereigesetzen des Landes keine Berücksichtigung finden würde, wäre sie nur noch eine Legende. Eine Zeit hätte für immer ihren Abschied genommen.

Mit der Novellierung des Fischereigesetzes aber wurde die Treibzeesenfischerei als eine Form der Schleppnetzfischerei unter bestimmten Auflagen wieder gestattet.

Und jetzt in der Herbstzeit, wenn stabile Hochdruckgebiete gutes Segelwetter erwarten lassen, gehen wieder ehemalige Fischer unter Segeln auf Fang. Neben Andreas Schönthier sind dies Horst Grählert aus Pruchten, Hellmuth Bauer aus Bodstedt, der 44 Jahre mit der Zeese gefischt hat, und Jürgen Schmedemann aus Althagen. Ihre Vorleute sind die Segler aus der Zeesboot-Szene. Sie helfen mit, die Zeesenfischerei in der Tradition der letzten Arbeitssegler als ein Element der maritimen Kultur, ohne kommerzielle Zielstellung zu pflegen. Die Bewahrung

So hat es bereits Caspar David Friedrich 1818 gezeichnet: durch die Zugkraft der Fangleinen bei der Drift nach Steuerbord gebogene Tuckbäume.

Die alten Netze sind immer noch im Dienst und werden von den heutigen Fischern geschätzt.

des Wissens um die alten Fangmethoden erschließt auch der Öffentlichkeit interessante und erlebnisorientierte Zugänge zu einer historischen Fischerei.

Die neuen Driften auf dem Saaler Bodden, inzwischen mit mehreren Booten, haben allerdings gezeigt, dass diese Fangmethode heute unrentabel und daher als Wirtschaftsfaktor für die Küstenfischerei ohne Bedeutung ist. Aal und Zander, die einst wichtigsten Fangobjekte in diesem Revier, fanden sich nur in geringen Mengen im Netz.

Mit einer Wiederaufnahme der Driften ist das jüngste Kapitel in der Geschichte der Zeesenfischerei aufgeschlagen worden, das uns ein Fenster in die Vergangenheit öffnet.

Schädlichkeit der Treibzeesenfischerei?

»Die Treibzeesenfischerei ist eine sehr schonende Art des Fischfangs. Schon frühe Untersuchungen widerlegen gegenteilige Meinungen von Reusen- und Stellnetzfischern. Die Bewegung des Netzes über Grund mit mäßiger Geschwindigkeit von etwa 10 bis 25 Meter je Minute schädigt den Krautbestand kaum und richtet auch keinen nennenswerten Schaden an Fischbrut oder Jungfischen an. Auch das ›Maschen‹ der Kleinfische hält sich sehr in Grenzen. Ein schärferes Gehen der Zeese auf weichem, krautfreiem Grund kann unter Umständen eine mögliche zunehmende ›Verpilzung‹ der Bodenoberfläche verhindern und damit sogar biologisch vorteilhaft wirken. Zumindest zeigen traditionelle Treibzeesenreviere eine deutlich verschlechterte Bodenoberfläche, seitdem sie nicht mehr mittels Zeesen »beackert« werden!« (Egon Schlieker, Fischereiwissenschaftler)

Alte Schiffe und Visionen – Tradition und Wandel

Alte Schiffe als Kulturgut
»Historische Schiffe und Boote sind heute allgemein als Kulturgut oder Kulturdenkmäler anerkannt. Das war nicht immer so. Vorausgegangen sind jahrelange Debatten um Erhalt und Nutzung historischer Wasserfahrzeuge und das Bemühen um offizielle Anerkennung in vielen Ländern. Seit 2003 gibt es die von der EMH (European Maritime Heritage) erarbeitete »Europäische Charta über die Konservierung und Restaurierung von historischen Wasserfahrzeugen in Fahrt«. Die »Arbeitsgemeinschaft Deutscher Museumshäfen hat ebenfalls entsprechende Kriterien für historische Wasserfahrzeuge aufgestellt. Ob ein Boot oder Schiff dem Status eines Kulturdenkmals oder Museumsschiffes gerecht wird, ist eine Frage der Bewertung.«
(Hermann Ostermann, Schiffshistoriker)

Es gehört zur Geschichte eines Schiffes, dass es im Laufe seines Lebens entsprechend seiner Aufgaben und der technischen Entwicklung ausgebaut und umgebaut worden ist. Das ist normal. Ohne Veränderung gäbe es keine Entwicklung.

Bei der Entstehung eines Gebrauchsfahrzeuges waren Aussehen und Verwendungszweck nicht voneinander zu trennen. Der Verwendungszweck bestimmte das äußere Erscheinungsbild. Im Laufe ihres Lebens unterliegen Schiffe, ebenso wie zum Beispiel genutzte Gebäude, mannigfaltigen Veränderungen. Zur Erhaltung ihres Gebrauchswertes wurden auch Fischerboote jeweils entsprechend ihren neuen Arbeits- und Einsatzbedingungen angepasst.

Bei den Zeesbooten gab es jedoch, abgesehen von der Motorisierung oder der Verwendung von Kunstfasern für das Rigg und das Fanggeschirr, kaum zeittypische Veränderungen, so lange noch mit der Zeese getrieben wurde. Nutzungsänderungen entstanden erst, als die Schiffe in der Küstenfischerei neue Aufgaben erhielten, ein Ruderhaus aufgesetzt und der Arbeitsraum eingedeckt wurde.

Die Erhaltung alter Zeesboote war für die neuen Eigner in der Vergangenheit keine leichte Aufgabe. Beim Neuaufbau der alten Arbeitsboote mangelte es oft an brauchbarem Holz und Bootsbeschlägen. Um sie in Fahrt zu halten, zimmerten die Segler selbst oder beauftragte Bootsbauer mit dem vorhandenen Material nach guter Handwerkertradition an den Booten herum. Das Ziel war, aus dem Vorhandenen funktionelle Sportfahrzeuge zu entwickeln und dabei die alten Bauweisen und Konstruktionsmuster weitgehend zu erhalten. Ohne manche »Rekonstruktion« im Einzelnen kritisch zu hinterfragen, erfüllte auf diese Weise mancher Eigner eine wichtige kulturhistorische Aufgabe für den Erhalt des maritimen Erbes.

Momente der Stille. Die Ästhetik alter Schiffe ist nicht von Designern kreiert worden, sondern aus den Bedürfnissen der Arbeitssegler heraus entstanden.

Respekt vor der Vergangenheit
»Niemand wird verlangen können, daß alles original erhalten bleibt. Dazu genügen Museumsboote. Aber die wichtigsten gestalterischen Merkmale sollten gewahrt bleiben. Dazu gehört nicht nur die Takelage mit den fünf braunen Segeln in ihrer charakteristischen Form und Anordnung. Dazu gehören auch die typische Decksgestaltung mit der kantigen Kappe auf dem Vorschiff, der Segelbalken, die offene Mittelplicht mit dem Schwertkasten, der Maschinenkasten, das Holzdeck sowie die schwarz geteerten Masten und Spieren.«
(Helmut Risch, Verein der Zeesener)

Was wäre mit diesen Booten geschehen, hätte es nicht den immer noch anhaltenden Optimismus der Liebhaber gegeben? Manche wären wie viele andere alte Fischereifahrzeuge sicher abgewrackt worden. Weil den Fischern für ihre außer Dienst gestellten Arbeitsschiffe, nach dem Verständnis der europäischen Bürokratie, eine Abwrackprämie zustand, wäre auch manches schöne Zeesboot einfach zersägt worden. Ein Bootsbauer berichtet, wie er Bootskörper demontiert und aus den Wrackteilen wieder neue Fahrzeuge für solvente Auftraggeber gebaut hat. Auch auf diese Art wurde wertvolles Kulturgut erhalten und wieder einer sinnvollen Nutzung zugeführt. Einige der stark gealterten und nicht mehr fahrtüchtigen Boote wären vermutlich der Vergangenheit anheimgefallen, wären sie nicht im Rahmen von Arbeitsbeschaffungsmaßnahmen für gemeinnützige Zwecke wieder aufgebaut worden. Über die Kosten dieser oft nicht unstrittigen Projekte sollte allerdings Stillschweigen gewahrt werden ...

Es heißt, dass sich jedes Schiff zu jeder Zeit in »einem Originalzustand« befinden würde. Das Ziel einer Restaurierung muss deshalb nicht immer die Rückführung auf den ursprünglichen Zustand sein. Es gilt, den für das Schiff historisch bedeutsamen Bauzustand zu finden. Als ideale Vorgabe könnte ebenso die Bewahrung des letzten Betriebszustandes als Segelfahrzeug gelten. Welche Fahrzeuge tatsächlich dieser Zielvorgabe entsprechen und ob sie den Zeitabschnitt der letzten Segelfischer repräsentieren, kann immer nur im Einzelfall bewertet werden. Bei einem Fahrzeug, das nach historischen Kriterien restauriert worden ist, sollte allerdings der entsprechende Betriebszustand erkennbar sein. Bei vielen Zeesbooten ist oft die letzte Nutzungsphase nur angedeutet. Es ist logisch, dass nun Fischkasten und Driftstangen fehlen, weil sie einfach nicht mehr gebraucht werden und bei der heutigen Verwendung stören würden. Für die Sportsegler war es wichtig, die guten Segeleigenschaften zu erhalten oder zu verbessern. Wie funktionell manche Freizeitsegler dieses Typs aber im Sinne ihrer ursprünglichen Aufgaben immer noch sind, beweisen sie bei ihrem Einsatz während der wieder aufgenommen Driften.

Eingedenk mancher Versäumnisse bei der Restaurierung alter Schiffbausubstanz in der alten Bundesrepublik wertete der Schiffshistoriker Kaiser vor gut 30 Jahren den Zustand mancher Schiffe durchaus positiv. Er schrieb 1975 in der Yacht: »Und was den Umbau eines Zeesbootes zum *»Lustschiff«* angeht, so kann man nur froh sein, daß die Privatleute in der DDR nicht so viel Geld dafür übrig haben wie ihre westlichen Nachbarn. Denn während in der Bundesrepublik fast alle schönen Segelrümpfe mit Bermuda-Segeln aus Kunststoff, meterhohen Aufbauten aus Mahagoni-Sperrholz und einem

Innenausbau aus Resopal und Hartfaserplatten rundherum sterilisiert worden sind, mußte man sich in der DDR mangels Dralon und Edelstahl notgedrungen am Vorhandenen orientieren.«

Das würde KAISER heute sicher anders formulieren. Die Zeiten haben ihre Spuren an der Bausubstanz hinterlassen, und die Aneignung der Schiffe durch die Segler bedeutete Reparaturen, Austausch und Umnutzung. Es galt dann unter oft schwierigen Bedingungen gründlich zu renovieren. Nicht immer wurde dabei auch historisch sachgerecht restauriert. Es ergab sich auch, dass im Laufe der Jahre ehemalige Fischereifahrzeuge mit zum Teil ungeklärter Herkunft und Verwendung sowie auch Neubauten in der offenen Klassifizierung der Zeesbootliste eine FZ-Nummer erhielten. Damit repräsentiert diese Liste heute auch »Traditionssegler«, die nie als Zeesboote im Einsatz waren. Die Unterschiede werden bei differenzierter Betrachtung einzelner Daten der Bootsliste und bei der Ansicht der Fahrzeuge selbst deutlich.

Bereits vor Jahren gab es mit den typischen Kajütaufbauten die ersten Umbauten zu Fahrtenseglern und als Sonderausstattung mitunter auch seefeste Klappluken aus Metall, günstig erstanden von den Schrottplätzen der Werften. Mit der *Sunddriver*, einem neuen Werftbau aus Stralsund, entstand bereits 1984 die erste *Zeesboot-Yacht.* Unter Verlust der historischen Authentizität entwickelten sich die so oft gescholtenen *Lustschiffe.* Und die Tendenz der letzten Jahre geht insbesondere bei Nach- und Neubauten merklich zur Schaffung von Zeesboot-Yachten. An den für Zeesboote neuen Begriff »Yacht«, der im deutschen Sprachgebrauch seit Langem für Sport- und Freizeitfahrzeuge gebräuchlich ist, müssen sich manche Segler sicher noch gewöhnen. Das Wort bedeutet keine Abwertung und bezeichnet heute den Funktionstyp eines komfortablen Fahrtenseglers nach historischem Vorbild.

Im Niederländischen gibt es einen ähnlichen Begriff. Dieser bezeichnet Sport- und Freizeitboote, die durch Um- oder Nachbauten traditioneller Fischerboote der Zuidersee entstanden sind, bisweilen als Botter-Yachten oder Yacht-Botter. Damit soll der Unterschied zu den von Liebhabern alter Schiffe sorgfältig restaurierten historischen Bottern, als authentischem Schiffstyp der holländischen Fischerei, herausgestellt werden.

Nach historischem Verständnis sind die noch in Fahrt befindlichen Zeesboote und natürlich die Zeesboot-Yachten keine Museumsschiffe. Und so erklärte der Obmann dieser Bootsklasse, Ekkehard Rammin, den Hafen Bodstedt schon 1990 folgerichtig zum *Traditionshafen.* Er sollte fortan nicht mehr als *Museumshafen* bezeichnet werden. Die seit Jahrzehnten dort beheimateten Zeesboote, eingeschlossen andere Fahrzeuge mit einer FZ-Nummer, sollten fortan den Status von Traditionsschiffen haben.

Zeesboot-Yachten
Zeesboot-Yachten sind in Rumpf und Takelage formgetreu erhaltene Boote oder Nachbauten nach historischen Vorbildern mit individuellen Besonderheiten hinsichtlich der Aufbauten, der Decksgestaltung, des Baumaterials oder der allgemeinen Ausstattung. Sie sind eingeschränkte Zeitzeugen des volkstümlichen Schiffbauhandwerks, deren Mangel an historischer Authentizität durch Einzigartigkeit oder durch den ästhetischen Gesamteindruck aufgehoben wird. Die historische Betriebstechnik des Schiffes ist noch als charakteristisch erkennbar. Die Vermittlung traditioneller Seemannschaft im Sinne der Segelfischer ist ohne Einschränkung möglich. Zeesboot-Yachten repräsentieren den Funktionswandel der historischen Fischerboote zum Freizeitsegler.

Nach einer Hochglanz-Modernisierung in jahrelanger Eigenleistung ist aus der »Albatros« des Fischers Max Heise die »Heimat« geworden. Der historische Charakter des Fischerbootes blieb trotz des Einsatzes moderner Materialien weitgehend erhalten. Dem alten Arbeitsdeck wurde ein neues Stabdeck aufgesetzt.

Der Blick fällt auf eine Zeesboot-Yacht, ein Schiff im Zeitenwandel vom Arbeitsboot der Fischer zum modernen Sportboot mit optimalen Gebrauchseigenschaften. Der Neubau aus dem Jahre 1997 präsentiert sich im Zeesboot-Register als zeitgemäßes, elegantes Schiff. Das Bild zeigt eine aktuellen Bedürfnissen angepasste veränderte Raumaufteilung. Das klassische Rigg bleibt der Tradition verpflichtet.

Im Rahmen des Verfahrens zur Erteilung entsprechender Sicherheitszeugnisse für in Fahrt befindliche Traditionsschiffe, hat die »Gemeinschaft für die Sicherheit historischer Wasserfahrzeuge« (GSHW) in einem Arbeitspapier Kriterien aufgestellt, nach denen ab 2007 eine Registerkommission den Status der Schiffe überprüft. Das ist auch für die Zeesboote von Bedeutung.

Nur wenige Kulturgüter der Ostseeregion mit so langer Geschichte wie die Zeesboote sind in ihrer Konzeption und Entwicklung sowohl von der Erfahrung des Menschen als auch von ihrer natürlichen Umgebung und deren Zusammenwirken so stark geprägt worden. Die regionalen Besonderheiten dieser Schiffe schaffen eine Identität, die es zu wahren gilt. In Verbindung mit traditioneller Seemannschaft sind sie Bestandteil des maritimen Kulturerbes. Mit den heutigen Zeesbooten, bei denen sich Altes und Neues ergänzt, werden die Traditionen der alten Fischersegler fortleben. Zu wünschen bleibt, dass bei der Instandsetzung dieser Boote angemessener Respekt gegenüber dem historischen Objekt gezeigt und der Vergangenheitsbezug gewahrt wird. Nur so können denen, die später kommen, die Bilder aus alten Zeiten noch deutlich vermittelt werden.

Unter Traditionsschiffen im Sinne der Richtlinie der GSHW sind zu verstehen:

A - Historische Wasserfahrzeuge.
Dies können Schiffe sein, die entweder kaum verändert oder durch fachgerechte Rekonstruktion in ein verbürgtes historisches Erscheinungsbild zurückversetzt worden sind.

B - Fahrzeuge, die durch Umbauten aus historischen Wasserfahrzeugen entstanden sind.
Dies können zum Beispiel Schiffe sein, deren Hauptantrieb oder deren ursprüngliche Zweckbestimmung im Laufe ihrer wirtschaftlichen Nutzungsperiode grundlegend verändert wurde und die diesen Umbauzustand seither glaubwürdig repräsentieren.

C -Nachbauten (Repliken) historischer Wasserfahrzeuge.
Hiermit können Schiffe gemeint sein, die als Einzelnachbildung in enger Anlehnung an ein konkretes, historisches Vorbild in traditioneller Bauweise neu erbaut worden sind.

D – Sonstige Traditionsschiffe.
Schiffe, die nicht allen oben genannten Kriterien genügen, aber aus besonderen Gründen zugelassen werden können. Folgende Voraussetzungen müssen hierfür gegeben sein:
- das Erscheinungsbild muss demjenigen eines historischen Schiffes glaubwürdig entsprechen,
- wenigstens in einer wesentlichen Komponente (zum Beispiel der Antriebseinrichtung), muss das Fahrzeug den für historische Schiffe üblichen Ansprüchen genügen,
- das Betriebskonzept muss für den Fortbestand der Traditionsschiffahrt von Belang sein (z.B. für die Ausbildung von Nachwuchs)
Die Anerkennung eines Fahrzeuges als Traditionsschiff setzt das Vorliegen eines schlüssigen Betreiberkonzepts voraus.

Traditionspflege oder Nostalgie? Wieder auf Drift

Das Stralsunder Amt der Zeesener
Das Amt der Zeesener wurde 1601 als Nachfolger einer seit dem 15. Jahrhundert existierenden Gemeinschaft der Zeesenfischer gegründet. Im Vorsatz der Vischer-Rulle des Ambts der Zeesener wird bezeugt, »... daß ihre alte gerechtliche Rolle ... zum Gebrauche erneuert wird«. Aufnahme als Amtsbruder fand nur ein freier Stralsunder Bürger. Die strengen Satzungen das Amtes reglementierten alle Bereiche des Berufslebens. Über Jahrhunderte war das Amt der Berufsverband der Zeesenfischer vom Sund. 1892 wurde die Fischer-Rolle überarbeitet und bei Strafen nunmehr Geld statt Bier gefordert. Um 1900 gehörten dem Amt fast 100 Brüder an, 1907 waren es noch 36. Im Jahre 1928 wandelte sich das Amt mit 50 Mitgliedern zum »Fischereiverein – Amt der Zeesener Stralsund«, der im Jahre 1958 aufgelöst wurde. Der letzte Hüter der Amtslade war Carl Waltenberg, der sie von seinem Vater übernommen hatte. Die Lade befindet sich heute im Museum.

Chronik

1315 Das Wort *Seyze* taucht erstmals in schriftlichen Zeugnissen von Buggenhagen bei Lassan auf.

1449 Der *Zesekahn* wird in der Stralsunder Chronik von Johann Beckmann erwähnt.

1524 Die Stadt Ueckermünde erhält eine herzogliche Privilegiumsbestätigung über die Zeesenfischerei auf dem Stettiner Haff.

1530 Regelungen zur Fischerei der »Zeesener, so up den Strömen fischen« im »Wendisch Rügianischen Landgebrauch« von Normann

1541 Erste aktenkundliche Erwähnung der Wörter *Zese* und *Zesekan* in der Stettiner Haffordnung

1569 Erste Hinweise auf die Zeesenfischerei in der Stettiner Haffordnung

1601 Der *nathe czesekane* findet in der Vischer-Rulle von Stralsund Erwähnung.

1670 wird in Wismarer Akten eine »neu erfunden also genannte Fischerzeyse« erwähnt.

1672 Der Begriff *Zeise* ist in den Wismarer Ratsakten genannt.

1681 In der Fischerordnung von Barth findet sich der Begriff *Zeesen*.

1800 Die bisher nur in den Städten heimische Zeesenfischerei hat stellenweise Eingang in die Fischerdörfer gefunden.

1818 Hinweis auf das Zeesboot in der Malerei

1858 Erster aktenkundiger Beleg für das Wort *Zeesboot*

1859 Verwendung der Stettiner Tuckzeese des Oderhaffs auch in den rügischen Gewässern

1865 Das Fischen von zwei Booten mit der Stettiner Tuckzeese wird im Stralsunder Revier verboten.

1869 Der Norddeutsche Bund erlässt ein neues Gewerbegesetz. Damit beginnt eine extensive Phase der Fischerei in der südlichen Ostsee, von der auch die Zeesenfischer profitieren.

1870 Nach starken Protesten der einheimischen Fischer verbietet die Regierung von Schleswig-Holstein durch eine Polizeiverordnung die Zeesenfischerei in bestimmten Gebieten.

1870 Vorpommersche Zeesenfischer wandern in das südliche Dänemark aus.
Beginn der Kutterfischerei unter Segeln in der Ostsee

1871 Pommersche Zeesboote fischen bis zur Insel Aarø im Kleinen Belt.
Im darauffolgenden Jahr zählt die dänische Seezollbehörde im Aarøsund bereits mehr als 20 Stralsunder Zeesboote.

1871 In Dänemark tritt ein Fischereischutzgesetz in Kraft, das die Fischerei mit geschleppten Fanggeräten erheblich einschränkt.

1872 In Stralsund gibt es noch sieben Zeeskähne von 13 Meter Länge.

1880 Auf der Berliner Fischereiausstellung wird das seit 1816 in den USA verwendete Mittelschwert gezeigt, welches schnell Eingang im deutschen Bootsbau und auch bei den Zeesbooten findet. Auf der Ausstellung wird ebenfalls ein voll aufgetakeltes pommersches Zeesboot präsentiert.
Die Stadt Stralsund reduziert den Bestand der Zeesboote von 110 auf 80. Neue Fahrzeuge werden nicht mehr zugelassen.

1883 In der Fischerei Neuvorpommerns und Rügens sind 17 Dampfboote registriert.

1890 Der Begriff *Treibzeesenfischerei* wird in Vorpommern als amtlicher Terminus für die Fischerei mit Zeesbooten eingeführt. Damit soll diese besser von der Grundschleppnetz-Fischerei auf See abgegrenzt werden.

1894 Der dänische Bootsbauer Niels Christian Nielsen auf der Insel Fejø hat die erste »Fejø-Drivkvase« abgeliefert.

1895 In Stralsund ist der letzte Zeeskahn abgewrackt worden.

1898 Die Treibzeesenfischerei wird fiskalisch der Küstenfischerei zugerechnet.

1900 Aufnahme der Kutterfischerei von Sassnitz, wenig später von Greifswald und Warnemünde aus.
Im Oderhaff sind noch 33 Zeeskähne im Einsatz.

1901 Beginn der Motorisierung im Fischereifahrzeugbau an der Deutschen Ostseeküste durch den Einbau von Hilfsmotoren bis etwa 20 PS.

1905 Anwendung von Scherbrettern an Grundschleppnetzen nun auch in den Fischerorten der Insel Rügen.

1908 Endgültiges Verbot der Zeesenfischerei im Stettiner Haff.

Aus der Barther Amtsrolle der Fischer von 1681:
»Damit auch wegen tödlichen Abgangs eines oder andern Persohn dieses Ambts, die Stadt keinen Mangel in der Fischerey empfinden möge, so sollen die hinterbliebenen Wittwen, daferne sie das Ambt beibehalten wollen, gehalten seyn, einen tüchtigen Knecht, welcher die Fischerey verstehet, zu halten, auch nebst den anderen Ambts-Brüdern außerhalb Gottes Wind und Wetter, wenn sie das nicht behindert, täglich frische Fische feil haben und alle zugleich sellen und verkaufen.«
(Amtsrolle des Fischeramtes zu Barth von 1681, Absatz 32)

Das Segeltuch prägt das Erscheinungsbild eines Bootes ganz wesentlich. Die »Conni«, Baujahr 1893, unter weißen Segeln vor Barnstorf im Saaler Bodden

1917 Einführung eines Fischereinachweis, der als Legitimationschein auch *Willzettel* genannt wird.

1920 Die Dachzeeese findet ihre erste Anwendung beim Aalfang.

1921 In Stralsund wird die letzte flügellose Zeese angefertigt. Im Bodstedter Revier sind die Netze bereits seit der Jahrhundertwende verschwunden.

1925 Die Motorisierung im Fischerei-Fahrzeugbau der Ostsee ist weitgehend abgeschlossen. Bei weiterer Erhöhung der Motorenleistung findet das Stützsegel bei den Motorkuttern zunehmend Verbreitung.

1926 In Wismar und 1927 in Stralsund erfolgen die ersten Einbauten von Hilfsmotoren in Zeesboote.

1930 Die Einführung von fabrikmäßig hergestelltem Netzmaterial findet zunehmend in der Fischerei Verbreitung.

1938 Einführung von synthetischen Pe-Ce-Fasern der IG Farben in der Binnenfischerei und ab 1945 auch in der Seefischerei

1946 In der Fischerei beginnt die Einführung der synthetischen Perlonfaser.

1965 In Bodstedt startet die erste Zeesenboot-Regatta.

1977 Im Wismarer Gebiet beginnen die letzten Jahre der Zeesenfischerei. Nur zwei Fischer haben noch die Erlaubnis für den Fang mit der Treibzeese erworben.

1980 Auf den Boddengewässern und im Stralsunder Revier betreiben zwei Fischer noch eine Treibzeeese.

1981 Der Fischer Andreas Schönthier aus Althagen hat das Boot des letzten Zeesenfischers vom Darß, Karl-Heinz Kafka, erworben und die Fischerei mit der Treibzeese im Jasmunder Bodden während der Aalsaison zeitweilig wieder ausgeübt. Im Salzhaff gibt es noch drei Zeesenfischer.

1990 Reinhard Techel aus Rerik am Salzhaff beendet als letzter Fischer die Treibzeesenfischerei auf der Ostsee.

2002 In Ahrenshoop wird der »Verein der Zeesener« gegründet, der die Tradition der Zeesenfischerei bewahren und pflegen will. Der Fischer Andeas Schönthier erhält die befristete Erlaubnis, eine Versuchsfischerei mit der Treibzeese auf dem Saaler Bodden zu betreiben.

2005 In der Küstenfischereiordnung des Bundeslandes Mecklenburg-Vorpommern wird die Treibzeesenfischerei mit Auflagen wieder erlaubt. Jedes Jahr im September gehen seitdem wieder einige Boote im Saaler Bodden auf die Drift.

Mit der Zeesbootflotte nach Berlin

»Ein riesiges Spektakel war die Fahrt nach Berlin im Jahre 1987 zur 750-Jahr-Feier. Es wurden 19 Zeesboote über Stettin und die Oder aufwärts bis nach Eisenhüttenstadt geschleppt. In Berlin segelten wir dann die Parade mit. Die Geschwindigkeit war vier Knoten. Uns pfiffen die Böen einer Kaltfront durch die Takelage. Trotz Maschine auf voll zurück und nachgeschleppten Fendern konnte wir die Fahrt nicht halten. Das war eine böse Möhl.«
(Walter Ribbeck, 20 Jahre Skipper auf der *Sunddriewer* FZ-42)

Bootsliste

Reg.-Nr.	Bootsname	Bauwerft	Ort	Baujahr
FZ- 1	Old Lady	–	Stralsund	1876
FZ- 2	Windsbraut	Holzerland	Barth	1912
FZ- 3	Störtebeker	Jarling	Freest	1911
FZ- 4	Bill	–	Breege	1920
FZ- 5	Borsgrieper	Jarling	Freest	1904
FZ- 6	Schwart Johann	–	Stralsund	1902
FZ- 7	Tambari	Holzerland	Barth	1937
FZ- 8	Heimat	Fünning	Stralsund	1884
FZ- 9	Nordstern	Grählert	Pruchten	1952
FZ-10	Tina	Rohde	Ribnitz	1949
FZ-11	Butt	Holzerland	Barth	1935
FZ-12	Ghost	–	Stralsund	1922
FZ-13	Swante Wustrow	Jarling	Freest	1928
FZ-14	Hanne Nüte	Holzerland	Barth	1923
FZ-15	Der dicke Beerbel	Franz Dietrich	Damgarten	1948/53
FZ-16	Blondine	Jarling	Freest	1930
FZ-17	Lütte	Schakow & Schröder	Wismar	1936
FZ-18	Romantik	Wessel	Lauterbach	1946
FZ-19	Dwarslöper	Jarling	Freest	1928
FZ-20	Ellen	Lange	Stove	1946
FZ-21	Johanna	–	Stralsund	1886
FZ-22	Rümdriwer	Knull	Fuhlendorf	1882
FZ-23	Stella	Jarling	Freest	1910
FZ-24	Christine	Jarling	Freest	1901

Reg.-Nr.	Bootsname	Bauwerft	Ort	Baujahr
FZ-25	Gertrud	Dornquast	Fuhlendorf	1931
FZ-26	Holl Dörch	Jarling	Freest	1931
FZ-27	Freya	Jarling	Freest	1911
FZ-28	Wodan	Jarling	Freest	1938
FZ-29	Jule	Schabbelt	Kirchdorf	1945
FZ-30	Holzerland	Holzerland	Barth	1928
FZ-31	Swantewit	Jarling	Freest	1913
FZ-32	Grete	Jarling	Freest	1937
FZ-33	Sannert	Dornquast	Barth	1912
FZ-34	Qualle	Rhode	Ribnitz	1948
FZ-35	Flunder	Jarling	Freest	
FZ-36	Friederike	Jarling	Freest	1936
FZ-37	Krischan	Holzerland	Barth	1928
FZ-38	Inge	Holzerland	Barth	1912
FZ-39	Dänholm	Genseburg	Anklam	1944
FZ-40	Hoffnung	–	Seedorf	1921
FZ-41	Seriola	Freude	Anklam	1935
FZ-42	Sunddriewer	Volkswerft Stralsund	BT Greifswald	1983
FZ-43	Marie	Schmidt	Barth	1924
FZ-44	Anna	Husmann	Baabe	1956
FZ-45	Hedda	Hofschild	Greifswald	1951
FZ-46	Emilie	Kofahl	Poel	1903
FZ-47	Oll Johann	Kraeft	Wieck	1947
FZ-48	Annegret	Schabbelt	Kirchdorf	1947
FZ-49	Astrild	Schabbelt	Kirchdorf	1950
FZ-50	Heimatland	–	Wustrow	1952

Reg. - Nr.	Bootsname	Bauwerft	Ort	Baujahr
FZ-51	Polar	–	Stove	1920
FZ-52	Marie-Luise	Hübner	Swinemünde	1903
FZ-53	Susanne	–	Kappeln	–
FZ-54	Olle	Holzerland	Barth	1929
FZ-55	De Kamper	Jarling	Freest	1932
FZ-56	Möwe	Kraeft	Wieck	1950
FZ-57	Dagedeev	–	–	
FZ-58	Recknitz	Jarling	Freest	1936
FZ-59	Pommerland	–	–	
FZ-60	Sophia Theresa	Mehlan	Stralsund	1993
FZ-61	Arkona	Wessel	Lauterbach	1950
FZ-62	Alvis	Schabbelt	Kirchdorf	1950
FZ-63	Edda	Genseburg	Anklam	um 1922
FZ-64	Schmuggler	FPG- Werft	Kirchdorf	1987
FZ-65	Nordischer Löwe	Baars	Ückermünde	1989
FZ-66	Charlotte	Dornquast	Fuhlendorf	1950
FZ-67	Stine	Dinse	Stralsund	1939
FZ-68	Martha	Jarling	Freest	1930
FZ-69	Klara	Heeboll	Aarøsund	1988
FZ-70	Hanna	Jarling	Freest	1944
FZ-71	Sibylle	Dornquast	Fuhlendorf	1923
FZ-72	Vitura	Nielsen	Fejø	1920
FZ-73	Un Ick	–	Stralsund	1896
FZ-74	Dorothea	Holzerland	Barth	1925
FZ-75	Marie	Jarling	Freest	1932
FZ-76	Condor	Schmidt	Rerik	1952
FZ-77	Dittchen	Jarling	Freest	1933

Reg.-Nr.	Bootsname	Bauwerft	Ort	Baujahr
FZ-78	Seewolf	Jarling	Freest	1918
FZ-79	Eiken Hans	Hans Suhr	Pruchten	1972
FZ-80	Conni	Holzerland	Barth	1893
FZ-81	Otto von Gericke	Jarling	Freest	1932
FZ-82	Elke	Dinse	Stralsund	1938
FZ-83	Frieda	Holzerland	Barth	1934
FZ-84	Paula	Jarling	Freest	1936
FZ-85	Raun	Schacht	Barth	1997
FZ-86	Godewind	Dinse	Stralsund	1932
FZ-87	Irmchen	Jarling	Freest	1946
FZ-88	Skipper	Horn	Wolgast	1885
FZ-89	Rerik	Schabbelt	Kirchdorf	1958
FZ-90	Adele	Jarling	Freest	1932
FZ-91		*im Aufbau*		
FZ-92	Traudi	Dornquast	Fuhlendorf	1946
FZ-93	Elisabeth	Jarling	Freest	1934
FZ-94	Richard D.	Dinse	Stralsund	1943
FZ-95	Traudi 2	–	Gager	1984
FZ-96	Herta	Suhr	Pruchten	1967
FZ-97	Kerstin	Menge	Lassan	1989
FZ-98	Rike	Wesssel	Lauterbach	1953
FZ-99	Lütt Hanning	Jarling	Freest	ca. 1950
FZ-100	–	Freude	Anklam	1951
FZ-101	Stadt Barth	Holzerland	Barth	1917
FZ-102	Möwe	Heinrich	Stahlbrode	
FZ-103	Johann K.	Knull	Fuhlendorf	1920
FZ-104	Bernstein	Fünning	–	1921

Anmerkungen zur Bootsliste

Quelle: Klassenvereinigung der Zeesboote (Nils Rammin und Uwe Grünberg)
Stand: September 2010

Ergänzungen zur Tabelle:
FZ-6: Nachbau nach dem Original 2002 bei Nagel in Zecherin
FZ-25: vollständige Originalrekonstruktion 2009 bei Rammin in Barth
FZ-27: vollständige Originalrekonstruktion 2004 bei Rammin in Barth
FZ-69: Nachbau einer dänischen Drivkvase
FZ-78: als Motorboot im Einsatz
FZ-88: als Motorboot im Einsatz

Rudolph Scharper (1893 – 1975), Bootsbauer in Kirchdorf, war auch unter dem Namen »Rudolph Schabbelt« bekannt.

Im vorliegenden Register sind alle Fahrzeuge mit einer FZ-Nummer aufgeführt, die ab 1977 vergeben wurden. In der Liste werden neben ehemaligen authentischen Zeesbooten auch frühere Arbeitsboote der Fischer oder Neubauten aufgeführt, die nach den 1983 erstellten »Bauvorschrifts, Ausrüstungs- und Vermessungsbestimmungen für Zeesboote« restauriert, um- oder neu gebaut worden sind und nicht als Zeesboot gefischt haben.
Schiffsdaten und weitere aktuelle Informationen unter: **www.braune-segel.de**

Bücher über Zeesboote
»Braune Segel im Wind«(1988) und »Faszination Zeesenboot« (1997) von Timm Stütz sind zwei Bücher, die nicht nur mit guten Fotos ausgestattet sind, sondern auch beeindruckend aus der Welt der Zeesener und Traditionssegler berichten.

Zeesener wieder auf Drift. Die Fischer Andreas Schönthier und Jürgen Schmedemann auf der »Sannert« vor Althagen

Literatur und Quellen

ALWARDT, WERNER: Zur Geschichte der Barther Fischerei. In: Unsere Heimat, Jahrgänge 1930, 1931.

DERS.: Das Leben der Barther Fischer zwischen 1920 und 1937. Manuskript, 1988.

DERS.: Zur Geschichte der Barther Fischerei (Aus der Barther Chronik und aus eigenem Erleben). Manuskript, Cuxhaven o. J.

DERS.: Aus der Geschichte der Barther Fischerei. Kückenshagen 1999.

BACH, REINHARD: Zum GSHW- Kriterienkatalog für Traditionsschiffe. In: Piekfall, Nr. 91. Hamburg 2006.

BARTZ, FRITZ: Die großen Fischereiräume der Welt – Atlantisches Europa und Mittelmeer, Bd. 1. Wiesbaden 1964.

BILSER, FRANZ: Il Bragazzo – ein Fischereifahrzeug der Adria. In: Segelsport, Nr. 2. Berlin 1960.

BORCHERS, WALTER: Pommersche Fischerboote des Odermündungsgebietes. In: Unser Pommernland, 20 Jg., H. 5. Stettin 1935.

BRANDT VON, ANDRES (Hrsg.): Fish Catching Methods of the World. London 1984.

DAHLE, WOLFGANG: Fischerei und Bootsbau am Stettiner Haff. In: Pommern – Kultur und Geschichte. Lübeck 2000.

DÄHNERT, JOHANN CARL: Sammlung gemeiner und besonderer Pommerscher und Rügischer Landes-Urkunden. Band 1–3. Stralsund 1765 – 1769.

DIETZEL, ANDREAS u.a. Zeesenboote im Nationalpark. Ribnitz-Damgarten 1994

DEUTSCHER FISCHEREI-VEREIN: Mitteilungen der Section für Küsten- und Hochseefischerei. Berlin 1885 – 1893.

DEUTSCHER SEEFISCHEREI-ALMANACH. Hannover und Leipzig 1898 – 1937.

DITTMER, R. / VON BUHL, H.: Seefischereifahrzeuge und Boote ohne und mit Hülfsmaschinen. Hannover und Leipzig 1904.

DOLBERG, LUDWIG: Eine Küstenwanderung von der Warnow bis Wustrow. Ribnitz 1885.

DORLEIJN, PETER: Geen moed vist ook – Fragmenten uit de Zuiderzeevisserij. Bussum 1977.

DERS.: Zuiderzeevisserij in Beeld. Amsterdam 1987.

DERS.: De Bouwgeschiedenes van de Botter. Franeker 1998.

ELLMERS, DETLEF: Frühmittelalterliche Handelsschiffahrt in Mittel- und Nordeuropa. Neumünster 1984.

FIRCKS, JOCHEN VON: Ewer, Zeesenboot und andere ältere Fischereifahrzeuge. Rostock 1982.

Fischereiverband von Vorpommern und Rügen. In: Mitteilungen des Deutschen Seefischerei-Vereins. Bd. XXXVI, Nr. 1/2. Berlin 1927.

Fischereiverordnung von 1897. Wismar 1897.

FLEISCHFRESSER, KURT / HOFFMANN, RUDOLF: Segler von Haff und Bodden – Pommersche Küstenschiffahrt. Hamburg und Norderstedt 1975.

DERS.: Die alte Inselstadt Wollin in Pommern und die Schleppnetz-Fischerei unter Segeln auf dem Stettiner Haff. Laboe 1992.

FRAUDE, HERMANN: Ein Julitag bei den Fischern der Herrschaft Putbus auf Rügen. In: Mitteilungen des Deutschen Seefischerei-Vereins. Berlin 1916.

DERS.: Gewässer und Fischfang von Rügen. Bergen 1925.

FROMMHOLD,G.: Das Privilegium der St. Johannisgilde der Tuckerfischer zu Wollin vom 17.1.1696. In: Pommersche Jahrbücher 26. Stettin 1931.

GØTHCHE, MORTEN: DAN & VIKTORIA – To åledrivkvaser. Handels- und Seefahrtsmuseum Kronborg. Aarborg 1983.

GRAHLMANN, GEORG: Zeesenboote in West-Mecklenburg. In: Piekfall, Nr. 41. Hamburg 1990.

GRIESE, HANS: Die Fischerei in den heimischen Gewässern früher und jetzt. In: Festschrift 700 und 725-Jahrfeier Ribnitz-Damgarten. Ribnitz-Damgarten 1958.

GRÜMBKE, JOHANN JACOB: Streifzüge durch das Rügenland. Altona 1805.

DERS.: Neue und genaue geographisch-statistische-historische Darstellung von der Insel und dem Fürstenthume Rügen. Teil I/II. Berlin 1819.

Haffordnung 1541, 1569 / Renovierte Haff- und Wasserordnung 1711. In: Sammlung Pommerscher Rechtsquellen, Bd. 3 III/368.

HAVEMANN, G.: Entlohnung der Mannschaft bei der See- und Küstenfischerei. In: Mitteilungen des Deutschen Seefischerei-Vereins, Bd. XVI, Nr.10. Berlin 1900.

HENKING, HERMANN: Die Fischereiverhältnisse auf der Recknitz und dem Saaler Bodden in ihren Beziehungen zueinander und zu der Kette der übrigen Bodden. In: Mitteilungen des Deutschen Seefischerei-Vereins, Bd. XXXI, Nr. 7/10. Berlin 1915.

DERS.: Die Ostseefischerei. In: Handbuch der Seefischerei Nordeuropas, Bd.V, 3. Stuttgart 1928.

HOLZLÖHNER, SIEGHARD: Die Methoden der Netz- und Garnfischerei im Bereich der FGS Warnemünde. In: Deutsche Fischereizeitung, Nr. 7, 1960.

IHLENFELD, HERMANN: Die See- und Küstenfischerei Neuvorpommerns. (Dissertation) Greifswald 1925.

KAISER, BRUNO: Als Fischergehilfe auf einem Zeesboot vor 50 Jahren. (Manuskript) Müggenburg, 1972 und 1978.

KAISER, JOACHIM: Neue Liebe zu alten Kähnen: Zeesboote in der DDR. In: Die Yacht, Nr. 10. Bielefeld/Hamburg 1975.

DERS.: Altes Schiff, was nun? In: Piekfall, Nr. 67/68. Hamburg 1998/1999.

KAJEWSKI,GÜNTHER: Gedanken zur Systematik der fischereilichen Fanggeräte. In: Zeitschrift für Fischerei, Nr. 6. Berlin 1957.

KOY, HELMUT: Zeitzeuge Zeesboot – Dokumentation zum Neuaufbau des Zeesbootes AHR 1. In: Meer und Museum, Bd. 6. Stralsund 1990.

KRISCH, ANTON: Die Fischerei im Adriatischen Meere mit besonderer Berücksichtigung der österreichisch-ungarischen Küsten. In: Mitteilungen aus dem Gebiete des Seewesens, Vol. XXVII. Pola 1899.

DERS.: Fischereiwesen in der Adria. Wien 1902.

KÜHL, PAUL: Geschichte der Stadt und des Klosters Ribnitz in Einzeldarstellungen. Neubrandenburg 1933.

LASSNIK, HELMUT: Die Fischerei in alter Zeit / die Haffischerei. (Manuskript) Berlin 2003.

Laursen, Andreas: Danske fiskerbade gennem 100 ar. Kopenhagen 1972.
Leitao, Manuel: Boats of the Lisbon River. In: Maritime Monographs and Reports, Nr. 34.
National Maritime Museum Greenwich. London 1978.
Lorini, Petar: Ribanje i ribarske sprave istocnim obalama Jadranska mora. Wien 1903.
Lübbert, Hans: Die Einführung von Motor und Schernetz in die deutsche Segelfischerei. Berlin 1906.
Ders.: Die deutsche Hochsee-Segelfischerei in Vergangenheit und Gegenwart. Berlin 1909.
Marzari, Mario: Il Bragozzo – Storia e Traditioni della Tipica Barca de Pesca del` Adriatico. Milano 1982.
Meschkat, Arno: Pelagische Fischerei einst und jetzt. Die Fischwoche. Hamburg 1950.
Meyer, P.-F.: Fischerei in der Ostsee. Hamburg 1947.
Mitzka, Walter: Norddeutsche Bootsarten. In: Niederdeutsche Zeitschrift für Volkskunde, 9. Bremen 1931.
Ders.: Deutsche Bauern- und Fischerboote. Heidelberg 1933.
Miethe, Adolf: Mecklenburgische Fischerregatta. In: Die Yacht, Nr. 36. Hamburg 1909.
Müller, H.: Aus der Geschichte der Fischerei in der Grafschaft Putbus auf Rügen. In: Mitteilungen des Deutschen Seefischerei-Vereins, Bd. XXXIII, Nr. 4/6. Berlin 1917.
Nielsen, Christian: Badebyggeriet pa Fejø og de danske Åledrikvaser. Helsingør 1961.
Nürnberg, Alexander: Idyllepflege oder Geschichtsdarstellung? In: Alte Schiffe, 9. Kiel 1992.
Peereboom, J.: Botters. Alkmaar o. J.
Ostermann, Hermann: »Maritime Kultur – ihre Bedeutung für den Fortbestand historischer Boote und Schiffe« In: Piekfall, Nr. 85, Dez. 2004.
Peesch, Reinhard: Die Fischerkommünen auf Rügen und Hiddensee. Berlin 1961.
Ders.: Benennungen und Benennungsmotive zu einem Gerätetyp. In: Deutsches Jahrbuch für Volkskunde, Bd. 14. Berlin 1961.
Penzo, Gilberto: Il Bragosso. Venedig 1992.
Porada, Haik Thomas: Neue Erkenntnisse zur Fischereigeschichte Pommerns in der Frühzeit. In: Mare Balticum. Lübeck 2001.
Ders.: Historisch-geographische Aspekte der Fischerei auf dem Stettiner Haff in der frühen Neuzeit. In: Greifswalder Geographische Arbeiten, 22. Greifswald 2001.
Ders.: Die pommerschen Klöster und Stifte als Nutznießer von Fischereiberechtigungen auf dem Stettiner Haff und seinen Nebengewässern vor und nach der Reformation. In: Stralsunder Beiträge, Bd. IV. Rahden/Westfalen 2003.
Preußisches Ministerium für Landwirtschaft, Domänen und Forsten, Fischereistatistische Veröffentlichungen: Statistik über die See- und Küstenfischerei in Preußen nach dem Stande vom 1. April 1928. Neudam und Berlin 1928.
Rasmussen, Alan Hjort: Drivod i Danmark. Esbjerg 1988.
Ders.: Unter Segeln nach Dänemark. Rostock 1988.
Rassow, Margarete: Fischersprache und Brauchtum im Lande zwischen Darß und der unteren Oder. Berlin 1958.
Reichs-Marine-Amt (Hrsg.): Beschreibung der wichtigsten

deutschen Seefischerei-Fanggeräte in der Nord- und Ostsee und ihre Kennzeichnung nach Angaben des Deutschen Seefischerei-Vereins. 11. Auflage. Berlin 1912.
RIBBECK, WALTER: Zeesenboote im Stralsunder Revier. In: Alte Schiffe, Nr. 6, 7, 8, 9. Kiel 1992/93.
ROSSOW, MICHAEL: Die Fischerei der Insel Hiddensee. In: Seewirtschaft Nr. 19. Berlin 1987.
ROSSOW, MICHAEL/SCHEFFELKE, JÖRG / KÜHNE, KLAUS: Von Fischern, Fischen und Booten. Zingster Heimatheft Nr. 4. Zingst 1988.
RUDOLPH, WOLFGANG: Schiffstypen. In: Jahrbuch für Volkskunde, 4. Berlin 1958.
DERS.: Die Schiffstypen der ländlichen Frachtschiffahrt in den Gewässern der Insel Rügen. In: Deutsches Jahrbuch für Volkskunde, 4. Berlin 1958.
DERS.: De pommerske Åledrivkvaser og deres Betydning for Danmark. Aarbog 1961.
DERS.: Rügischer Schiffbau auf der Werft zu Seedorf. In: Greifswald-Stralsunder Jahrbücher. Greifswald 1962.
DERS.: Ältere Entwicklungsstufen der Arbeitsgesellung auf kleinen Fischerbooten. In: Deutsches Jahrbuch für Volkskunde, Bd. 11, Teil II. Berlin 1965
DERS.: Segelboote der deutschen Ostseeküste. Berlin 1969.
DERS.: Die Boote der Gewässer um Rügen. In: Peesch, Reinhard: Fischerkommünen auf Rügen und Hiddensee, Berlin 1969.
SCHIEMENZ, PAULUS: Über die Zeesenfischerei im Stralsunder Revier. In: Abhandlungen des Deutschen Seefischerei-Vereins, 3. Berlin 1898.
SCHLIEKER, EGON: Die Fischerei in den Gewässern um Hiddensee unter besonderer Berücksichtigung der Partiefischerei. (Diplomarbeit Humboldt-Universität Berlin) Berlin 1955.
DERS.: Hiddensee – Die Insel und ihre Fischer. Hiddensee-Reihe Bd. 1. Vitte 2009
SCHNAKENBECK, W.: Schleppnetze. In: Handbuch der Seefischerei Nordeuropas, Bd. IV, 1. Stuttgart 1942.
SPIERING, GERHARD / EWALD, ERNST: Die Schleppnetzfischerei des Stettiner Haffs. Wollin 1936.
STEINBERG, ROLF: Die Treibzeesenfischerei im Gebiet von Stralsund. In: Deutsche Fischereizeitung, 2. Radebeul/Berlin 1955.
STEUSLOFF, WOLFGANG: Bootsbau an der Küste von Mecklenburg-Vorpommern. In: Deutsches Schiffahrtsarchiv, 27. Bremerhaven/Hamburg 2004.
STROBELT, KARIN: Barth und seine Werften. Barth 1997.
SZYMANSKI, HANS: Die Segelschiffe der deutschen Kleinschiffahrt. Lübeck 1929.
STÜTZ, TIMM: Braune Segel im Wind. Berlin 1988.
DERS.: Erlebniswelt Zeesenboote. Hamburg 1997.
DERS.: Braune Segel im Wind – Das Buch zum Buch. Glinna 2009
SUBKLEW, HANS JOACHIM: Der »Zeesenstreit« im Greifswalder Bodden. In: Seewirtschaft, Nr. 21. Berlin 1989.
DERS.: Die Entwicklung des Ostseefischkutters von seiner Einführung bis 1939. In: Deutsche Fischereizeitung, 6. Radebeul 1955.
VINNER, MAX: Bjorn og MAEFIKKEN (Åledrivquase bygget 1917 Fejø). Traeskibs Sammenslutningen, 4. Aarbog 1989.

WALTENBERG, CARL (Übersetzer). FischerRolle (Fischerrolle des Amtes der Zeesener Stralsund). Stralsund 1889.
WEICKER, HANS: Die Schleppnetzfischerei im Stettiner Haff und seinen Nebengewässern. In: Zeitschrift für Fischerei, 25. Neudamm/Berlin 1927.
WINKLER, HERMANN: Zeesboote – Fischersegler zwischen Strom und Haff. Rostock 1986 und 1990.
DERS.: Mit dem Zeesboot auf Drift. In: Segeln, 4. Hamburg 2002.
DERS.: Quer vor dem Wind: Mit dem Bragozzo auf Drift im Mittelmeer. In: Deutsches Schiffahrtsarchiv, 26. Bremerhaven/Hamburg 2003.
DERS.: Der Boss von Bodstedt. In: Segeln, 10. Hamburg 2005.
ZANDER, WALTHER: Up Nachtfohrt mit Wismarer Aalfischers. In: Mecklenburgische Monatshefte, 1929.
ZIMDARS, U.: Die Fischerei des Stettiner Haffs und seiner Nebengewässer geographisch betrachtet. In: Jahrbuch der Pommerschen Geographischen Gesellschaft 59/60. Grimmen 1941.

Archivalien

Akten des Fischereiaufsichtsdienstes der DDR
Landesarchiv Greifswald
Stadtarchiv Ribnitz-Damgarten
Stadtarchiv der Hansestadt Stralsund, Rep. 19
Archiv der Hansestadt Wismar, Rep. XVI
Universität Rostock, Inst. für Volkskunde: Wossidlo-Archiv
Zeesbootarchiv Hermann Winkler, Rostock

Abbildungsnachweis

S. 15: Wolfgang Arndt; **S. 16:** Rolf Lutze; **S. 20:** Peter Dorleijn; **S. 21:** DORLEIJN (1987) **S. 22 (links):** KRISCH (1899); **S. 22 (rechts):** Carrasco, Peres. Barcos de Tejo – Muleta Moderna, Lissabon 1997; **S. 23:** Korean Fishing Gear and Illustrations, Pusan 1967; **S. 24:** Pommersches Landesmuseum, Greifswald; **S. 27, 28:** Archiv der Hansestadt Stralsund; **S. 30, S. 31 (oben):** Copyright: Dieter Kettelhut, Verl 1996, Original unveröffentlicht; **S. 31 (unten), S. 32:** Amtliche Berichte über die Internationale Fischereiausstellung Berlin 1880. Aus: RUDOLPH, Segelboote (1969); **S. 34:** Nasjonalmuseet for kunst, arkitektur og design, Oslo; **S. 35:** Sächsische Landesbibliothek; **S. 37:** Sammlung Gerhard Jarchow; **S. 39:** Wolfgang Dittrich; **S. 46:** LAURSEN; **S. 51, 53, 54, 97, 100 (rechts):** Jochen von Fircks; **S. 60:** Sammlung Walter Carnein; **S. 61, 66:** Karl Eschenburg; **S. 65:** Sammlung Jörg Pagel; **S. 77:** Wolfgang Dittrich; **S. 78 (rechts), 83, 85:** SCHIEMENZ; **S. 78 (links):** MESCHKAT; **S. 90:** Sammlung Friedrich-Wilhelm Konow; **S. 91:** Wolfgang Rudolph; **S. 92:** Sammlung Reinhard Bach; **S. 94, 95:** Wolfgang Dittrich; **S. 98:** Karl Wenzel; **S. 99:** Sammlung Werner Viergutz **S. 100 (links):** Theodor Schultze-Jasmer.; **S. 101, S. 103:** Karl Eschenburg; **S. 109:** Sammlung Reinhard Techel; **alle weiteren Fotografien und Abbildungen:** Hermann Winkler.
Autor und Verlag waren bestrebt, alle Bildrechte korrekt nachzuweisen. Sollte dies im Einzelfall nicht gelungen sein, wird um Hinweis gebeten.

Ehemalige Fischerboote gehören zur materiellen Kultur eines Küstenlandes. Sie sind Zeugnisse der Schiffbautradition und ein interessanter Faktor für den Tourismus.

DANKSAGUNG

Die Gastfreundschaft der letzten Zeesenfischer habe ich in dankbarer Erinnerung. Ich war bei einigen an Bord, als sie ihre letzten Driften im Bodden oder auf dem Sund machten und gedenke hier den ehemaligen Fischern Willy Beuge aus Greifswald/Wieck, Max Heise sowie Carl Waltenberg aus Stralsund und Karl-Heinz Kafka aus Born auf dem Darß.

Ich danke besonders Dr. Wolfgang Rudolph und Dr. Egon Schlieker, von denen ich umfangreiche fachliche Unterstützung erhielt, sowie Dr. Jochen von Fircks, der mir darüber hinaus auch Zeichnungen zur Verfügung stellte.

In guter Erinnerung bleibt mir die freundschaftliche und kameradschaftliche Zusammenarbeit mit Peter Dorleijn, Dr. Georg Grahlmann, Hermann Ostermann, Ekkehard und Nils Rammin sowie Timm Stütz.

Nur wenige können genannt werden, die mir auf vielfältige Weise halfen oder Informationen und Material zur Verfügung stellten.

Mein besonderer Dank gilt Prof. Reinhard Bach, Charlotte Borgwardt, Gerd Büker, Familie Dittrich, Wolfhard Eschenburg, Hermann und Horst Grählert, Morten Gøthche, Dr. Volker Gries, Uwe Grünberg, Bruno Kaiser, Helmut Kettelhut, Ulla Knippschild-Skafte, Ejnar Mortensen, Frank Müller, Helmut Olszak, Dr. Haik-Thomas Porada, Dr. Alan Hjorth Rasmussen, Walter Ribbeck, Dr. Helmut Risch, Andreas Schönthier, Susanne Techel, Wilhelm Thesenvitz und Heinz-Jürgen Zierke.

Rostock, im Februar 2007/Januar 2011
Hermann Winkler

Wie ein Bild von damals. Im Revier der alten Romantiker vor Greifswald.

Für diesen Band hat Hermann Winkler sein im Hinstorff Verlag 1986 und 1990 in zwei Auflagen erschienenes Buch *Zeesboote – Fischersegler zwischen Strom und Haff* neu bearbeitet und erweitert.

Titelbild: Braune Segel am Wind
Frontispiz: Fischländer Boote
Rücktitel: Auf der Drift vor Stralsund

Die Deutsche Bibliothek verzeichnet diese Publikation in der Deutschen Nationalbibliographie; detaillierte bibliographische Daten sind im Internet über http://dnb.ddb.de abrufbar.

Lagerstraße 7, 18055 Rostock
Tel. 03 81 / 49 69 - 0
Internet: http://www.hinstorff.de

2. Auflage 2011

Herstellung: Hinstorff Verlag GmbH
Lektorat: Dr. Florian Ostrop
Titelgestaltung, Satz und Layout: Beatrix Dedek
Repro: lithotronic media gmbh
Druck und Bindung: Druckhaus Thomas Müntzer GmbH, Weimar
Printed in Germany
ISBN: 978-3-356-01187-6